建筑物内行人疏散模型和行为特征

MODELING PEDESTRIAN EVACUATION IN BUILDINGS AND BEHAVIOR ANALYSES

许 岩 永 贵／著

中国经济出版社
CHINA ECONOMIC PUBLISHING HOUSE
北 京

图书在版编目（CIP）数据

建筑物内行人疏散模型和行为特征／许岩，永贵著.
北京：中国经济出版社，2017.10
ISBN 978-7-5136-4914-8

Ⅰ.①建… Ⅱ.①许… ②永… Ⅲ.①建筑物—安全—疏散—建筑设计 Ⅳ.①TU998.1

中国版本图书馆 CIP 数据核字（2017）第 251561 号

责任编辑　贺　静
责任印制　巢新强
封面设计　华子设计

出版发行　中国经济出版社
印 刷 者　北京富泰印刷有限责任公司
经 销 者　各地新华书店
开　　本　700mm×1000mm　1/16
印　　张　8.75
字　　数　97 千字
版　　次　2017 年 10 月第 1 版
印　　次　2017 年 10 月第 1 次
定　　价　58.00 元
广告经营许可证　京西工商广字第 8179 号

中国经济出版社 **网址** www.economyph.com **社址** 北京市西城区百万庄北街 3 号 **邮编** 100037

本版图书如存在印装质量问题，请与本社发行中心联系调换（联系电话：010-68330607）

前　言

随着人群安全问题越来越多地引起人们的关注，行人疏散的研究日益成为行人流研究领域的热点。该研究作为设计建筑物疏散性能、系统规划和管理群体活动的理论依据，能有效维护群体行为秩序、优化疏散过程和提高疏散效率。近年来，很多致力于这方面研究的学者已取得了一些重要成果，但由于行人流问题本身的复杂性，尚有很多问题需要进一步的探讨。本书从行人对自身的控制能力入手，将反馈和优化两种思想通过建立微观模型引入建筑物内的行人疏散问题的研究中，重点研究行人在疏散过程中的决策机理，揭示产生拥挤的微观机制，再现现实的疏散场景。本书的创新点主要体现在以下几个方面：

首先，基于当前元胞的被影响区域内基于方向的行人密度，提出了一个改进的层次域元胞自动机模型，模拟了多出口建筑物内的行人疏散过程。模拟结果表明，行人密度和被影响区域半径均会很明显地影响疏散时间；盲目、频繁地选择具有更小行人密度的移动方向会使得疏散时间增加。

其次，针对多出口建筑物内的行人疏散问题，将疏散个体对行人流演化趋势的预测通过两种方式引入，分别为方向可视域和剩余方向可视域，依次用来表示疏散个体对于可视范围内前方和其余方向的行人流演化趋势的预测，从而改进了原始层次域元胞自动机模型。由数值模拟结果得到，改进模型可以准确地刻画行人的出口选择行为，与同类型模型相比，改进模型可以显著地提高疏散效率。

再次，将行人对出口处的两种信息的感知能力：一是行人对出口宽度效用的感知能力，属于静态信息；二是行人对出口处拥挤程度的感知能力，属于动态信息，分别引入了原始层次域元胞自动机模型。一方面模拟了出口不均衡分布方式下的行人疏散问题；另一方面使用 Logit 离散选择原则刻画了行人异质分布时的初始出口选择策略。模拟结果显示，合理考虑行人对出口及周围信息的感知能力，可以使得出口被有效利用，从而减少疏散时间。

复次，除疏散时间外，将单位能量消耗作为评价疏散效率的另一标准，通过参数组合，得到了疏散效率的帕累托最优。

最后，通过将疏散空间离散成正菱形网格改进了层次域元胞自动机模型，避免了行人在疏散过程中靠近房间墙壁或障碍物移动，更加贴近现实。

本书适合公共安全与应急管理、交通运输规划与管理、系统科学与系统工程等专业领域的高年级本科生、研究生，以及相关学科的教师阅读，也可供从事交通运输规划与管理的工作人员参考。

本书的出版得到国家自然科学基金青年项目（71401083）、国家自然科学基金地区项目（71661024）、内蒙古自治区高等学校“青年科技英才支持计划”（NJYT－15－B06）和内蒙古财经大学复杂系统分析与管理学术创新团队的支持。另外，感谢参考文献的提供者，以及参与研究的所有人员。

笔者

2017 年 9 月

目录

contents

1 绪 论

1.1 建筑物内行人疏散模型和行为特征研究的重要性

中国是一个人口大国，中国国家统计局公布的第六次全国人口普查的主要数据显示，过去10年中，中国的人口净增长为7390万人，总人口超过13.7亿人。随着中国国民经济的持续稳定发展，中国现代化、城市化水平显著提高。现代城市发达的交通网络使居民出行特点、出行环境均出现了较大变化，居民出行频率、出行时间与以前相比有较大的增加。加之我国部分区域人口密集，人们可以很便利地完成短时间、高密度的聚集。一直以来，解决机动车引发的交通问题更多地吸引着人们的眼球，而步行对于解决城市交通问题的重要意义却没有被提升到一定的认知高度。

步行可以独立地成为一种交通方式，并且存在于各类交通出行的两端环节。我国城市居民出行中选择步行出行的比例基本在20%以上（苏州除外，见图1－1），最高达56.39%（兰州，2001年），平均出行比例为34%[169]。

步行是一种基本的交通方式，行走的服务水平直接关系到人们

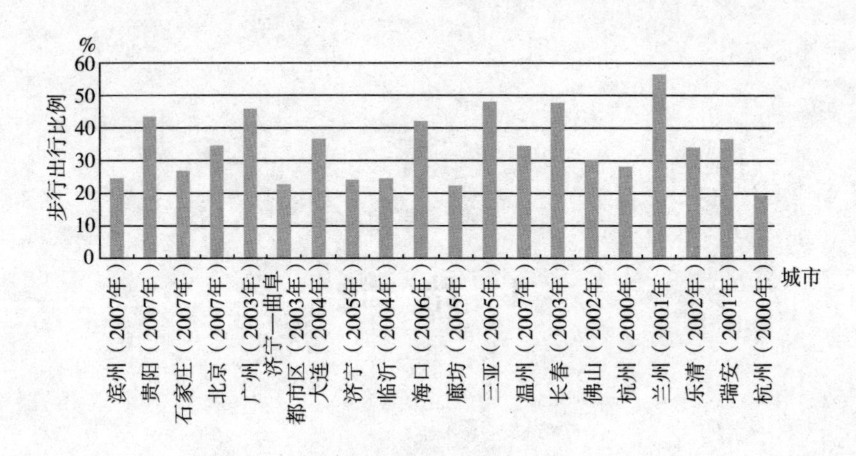

图1-1　我国部分城市步行交通出行比例

的生活质量。在一些公共活动场所，如俱乐部、商场、体育馆、地铁站和教堂等，各类设施都需要满足行走的需要，人们采用步行的方式参与活动，行走的服务水平直接关系到活动的质量。由于这些场合的封闭性特点，和特定情况下行人密集，如国庆黄金周的热门景区（见图1-2），行人又只能通过有限的出口疏散出去，无疑给疏散带来了很大的难度。需要有效地进行行人交通组织、设施及管理方案设计及现场控制，以提供良好的活动过程中的行人交通服务。如果设计、规划和管理控制上出现问题，将会造成参加人员的不便，给参加者带来安全隐患，更严重甚至会威胁到参加者的生命安全。总结国内外的经验教训，建筑物内活动中过度拥挤是造成事故的主要原因。拥挤降低了环境的舒适度，提高了引发突发事件的概率和安全风险。由于行人密度过高，加上内部扰动或者受到外界冲击的作用，行人在加快速度过程中受到阻碍，会发生速度突然降低的情况，于是由拥挤形成行人之间的踩踏，从而引起行人的伤害事故。表1-1（根据有关新闻报道的不完全统计）列出了一些公共场所内的行人伤害事故。

空间的封闭性是一个相对的概念，许多开放类的公共场所如城市里的广场和闹市区的步行街等，虽然没有封闭的围墙将其与周围环境隔绝开来，其实它们也处在周围各类建筑和市政设施等障碍物的包围之下，行人只能通过有限的出口疏散到周边环境，如图1-2（b）所示。在特定的情况下，当人群密度过大时，这些场所便会表现出类似于商场和体育馆那样的封闭性特征，内部人流不畅，出口过于拥堵。因此，对具有严格意义上封闭的公共场所内行人疏散问题进行研究，可以将其推广应用到其他场合。

表1-1 部分公共场所内的行人伤害事故

地 点	时 间	事 件	伤 亡
加纳阿克拉	2001年6月10日	足球场骚乱	死伤约150人
中国丰镇	2002年9月23日	第二中学楼梯护栏坍塌踩踏事故	死亡约21人，受伤约47人
中国吉林	2004年2月15日	吉林中百商厦火灾	死亡约54人
沙特麦加	2005年1月22日	慕尼耶圣地拥挤	死伤约500人
印度怀伊	2005年1月25日	曼达德维神庙踩踏事件	死亡约300人
中国重庆	2007年11月10日	“家乐福”踩踏事故	死伤约34人
坦桑尼亚	2008年10月2日	舞厅拥挤发生踩踏事故	死伤约70人
中国福建	2009年1月31日	酒吧火灾	死伤约37人
中国上海	2010年11月15日	上海静安区公寓楼火灾事故	死亡约58人
柬埔寨金边钻石岛	2010年11月22日	“送水节”踩踏事故	死亡约378人受伤约755人
中国新疆	2010年11月29日	阿克苏第五小学踩踏事故	约41名小学生受伤
印度喀拉拉邦	2011年1月14日	宗教活动踩踏事故	死伤约200人
马里巴马科	2011年2月21日	体育场踩踏事件	死伤约100人
中国台湾	2012年10月23日	“卫生署”台南新营医院火灾事故	死伤约82人

资料来源：http：//baike. baidu. com/view/4767633. htm 等其他网站。

随着人群安全问题越来越多地引起人们的关注，研究人群安全和行人疏散问题已经成为建筑物疏散性能的设计、人群聚集活动的系统规划和管理的理论依据，最终可以达到维护群体行为秩序、优化疏散过程和提高疏散效率的目的。

(a)

(b)

图1-2　2010年“国庆黄金周”期间10月3日的上海世博园区中国馆（a）和10月1日的南京玄武湖景区（b）的拥挤人群

资料来源：http：//economylaw. net/show. aspx？id = 1170&cid = 7。

在这样的背景下，有必要对我国行人的运动基本特性进行全面的认识和研究，特别是对拥挤人群的动力学特性、行人行为特征进行分析，总结出针对我国国情及行人个体条件的行人行为模型。在认识观念上改变对行人轻视的看法，重视相关研究与应用；在技术层面上利用这些成果在基础设施规划设计、行人交通组织、建筑物应急疏散等方面达到科学、合理、以人为本的目标，为构建和谐社会做出贡献。

1.2 国内外关于行人疏散研究的概述

国际上对行人疏散的相关研究已持续了近百年，该领域随着公共安全日益受到各国政府和公众的关注，已成为当今一个研究热点。国际上相关学术会议已经举办了多次，其中较为著名的有国际人群拥挤安全工程会议（International Conference on Engineering for Crowd Safety）[113]和行人疏散动态学会议（Conference on Pedestrian and Evacuation Dynamics，简称 PED）。前者于 1993 年在伦敦举办；后者已经举办了八届，第八届 PED 大会于 2016 年 10 月在中国合肥召开。PED 大会的召开表明在这个快速发展的领域，行人疏散动态学和相关的行人行为研究将会为政策的制定和设计者以及解决实际问题的应急管理人员提供依据。

1.2.1 行人疏散行为研究

行人疏散是一个十分复杂的过程，其中最具吸引力且最具挑战性的是对疏散中行人的行为研究。关于行人的行为研究涉及诸多方面，如人与人、人与建筑物之间的相互作用，以及人的社会角色、知识水平、认知能力、性别和自身心理因素等。

行人疏散过程一般可分为两种情况，即正常情形下的疏散和紧急情形下的疏散。在这两种情形下，疏散的动态过程与结果是完全不同的。

正常情形下，疏散人群及个体具有以下一些明显的行为特征[48,52,189]：

（1）个体倾向于选择到最近的出口的最短路径。通俗地说，不愿意走弯路。

（2）在不受干扰时，个体愿意以其期望的速度（大小和方向）行走，也就是最小能量消耗。在人群中，个人的意愿行进速度服从正态分布。其平均值为1.34m/s，标准差为0.26m/s。

（3）个体总是尽可能地与他人及障碍物保持一定的距离，特别是陌生人。这个距离在人群越慌乱的情况下越小，并且随着人群密度的增大而减小。

紧急情形下，疏散行人往往会感到恐慌。恐慌是指人群中的个体情绪处于恐慌状态，有时会失去理性，从而做出一些在一般的情形下不会做出的行为。行人的心理恐慌一般在紧急疏散的情况下产生。心理恐慌的表现形式包括：反应过度（冲动）、跟随现象、从众行为等。造成恐慌的原因多种多样，有时甚至没有明显的原因。而在人群中，恐慌情绪的蔓延则是十分迅速的。Helbing等总结了恐慌状态下疏散的一些动态特性[46, 48]：

（1）个体试图以大大高于正常状态的速度前进。

（2）个体之间开始推挤，产生自然的物理作用力，即拥挤力。有时人群中的拥挤力足够大，以至于会对个体造成生命危险。受伤倒下的个体充当了障碍物，进一步减缓了疏散的进程。

（3）人群的行为，尤其是在瓶颈处，变得无法协调。

（4）在出口处形成拱形的拥堵。

（5）越来越多的个体采取从众行为，人群呈现出大规模集中行动的趋势。

（6）某些出口往往被忽略或得不到有效利用。

处于火灾等紧急情况下的疏散行人的行为特征更加复杂，受人群、个体状态、环境等诸多因素的影响，其中的人群因素[4,8,72,98,102]包括年龄、性别、生理条件、对现场的熟悉程度、恐慌等；状态因素[4,8]包括睡眠、饮酒等；环境因素[9,85,133,137,172,208]如火灾、建筑结构等。

1.2.2 行人疏散模型研究

随着经济和社会的发展，现代城市中的人口数量大大增加，公共聚集场所的行人密度也大大增加。行人疏散问题，越来越被人们所关注，也有越来越多的学者研究其中的规律，极大地推动了行人疏散理论的发展。

目前，行人疏散的建模方法主要是采用两种思路：一种是将行人视为连续流动介质[53,54,55,61,62]，这是借鉴交通流的研究，主要针对行人群体行为及其评估进行研究。例如，研究行人密度、速度和流量基本特征参数之间的关系[5,75,159,89]；研究行人群体流动的波动性[170]；研究行人群体拥挤机理以及群集行为特性[107,111]。另一种是将行人视为相互作用的粒子[63]，主要针对行人个体行为及其影响因素进行研究。例如，研究行人在不同交通环境中的步频、步幅、步行速度[16,36,116]；研究行人在不同交通设施和交通条件下的路径选择行为[12,17,18,32,35,57,59,84,104]；研究影响行人微观行为特征的各种因素和行人对不同交通设施的行为反应[24,52,77,93,112,143]等。

1.2.2.1 宏观模型

宏观模型最早由 Fruin[26,27]提出，对行人运动变化进行描述的宏观数学模型还包括排队模型、路径选择模型、随机模型等。宏观模拟模型由于其构造简单，所需计算能力不高，成为早期主要的疏散模拟模型。宏观模型方法[42,50,78,97,130]通常适用于较大人群，把人群作为一个整体，用于人群动态学的建模，大体可以分为两类：一类是流体动力学模型，另一类是网络节点模型。

（1）流体动力学模型[25]

将人群的移动看作流体，用类似流体的特性进行描述，通过流体的连续方程式得到速度与密度的关系。

（2）网络节点模型

网络节点模型的中心思想是把建筑物的平面转换成网络图，用网络图中的节点刻画房间。连接房屋之间的门、楼梯等对应于图中的边或弧。节点能够容纳的人数对应房间的容量。边的通过能力对应门或楼梯的通过能力。一种网络节点模型是基于事件的模型。每一条边可以理解为一个服务，而节点中想使用该条边的人可理解为需要该服务的顾客。这种以排队论知识建立的模型称为 M/G/C/C 模型。其中 M 代表马尔可夫过程，排队论 G 表示一般服务，C 表示服务的编号，C 表示节点数[82]。另一种网络节点模型基本上是一个运输问题的数学模型。其源节点代表计算起点，中间节点代表建筑物的某些部分，目标节点则是建筑物的疏散出口。用户需要确定每个节点的容量、每条边的通过能力及行人通过边所需的时间[188]。

网络节点模型构造简单，理论难度适中，需要的计算机能力也较少。比较著名的模型有澳大利亚国家研究局（CSIRO）开发的 WAYOUT 模型[37]、美国佛罗里达大学开发的 EVACNET 模型[71]。

北京交通大学的何静通过对疏散网络空间进行更细致的划分以及引入最大熵模型，改进了网络节点模型[56]。

虽然网络节点模型具有以上优点，但也存在一些无法克服的弱点。首先，疏散空间的平面布局抽象为一个由边或弧连接的网络节点图，在这一抽象过程中，丢失了大量的空间信息。大小相同，形状、内部结构等不同的房间对疏散过程造成的影响是不同的，但是在网络图中它们都对应同样的一个节点。其次，人群是作为整体来考虑的，人群中的个体都要具有同样的疏散特性，个体的心理因素及个体之间的相互作用在模型中都得不到体现，这也是造成模型模拟结果应用性不强的原因。

1.2.2.2 微观模型

宏观模型为了降低计算的复杂度，建筑物的平面布局被简化为网络，人群中个体之间的相互作用只剩下对有限资源的竞争。忽略了人与人之间复杂的非线性作用。因此，随着研究的深入及计算机技术的发展，微观模拟模型逐步取代宏观模型，越来越受到研究者的青睐。

根据研究方法的不同，微观行人疏散模型一般包含实测实验、分析模型和微观模拟模型。微观模拟模型可进一步分为连续型模型[15,19,45,51,59,100,101,108]和离散型模型[5,10,30,49,124,126,127,136,156]（见图1 -3）。

（1）连续型模型

在连续型模型中，行人的位置、疏散的时间及其他的量都是连续而非离散的。这种模型的核心是建立一组运动学方程或动力学的微分方程，通过这些方程将各个量的变化联系在一起。研究疏散中人的行为通常考虑 3 种相互作用：人与人、人与建筑物及人与环境的相互作用，这些作用会影响行人的行为和决策过程，它们不仅与客观的物理条件有关，而且在更大程度上取决于行人自身的生理、心理和社会因素等。该类模型主要包含两种类型[58]：一种是物理模型

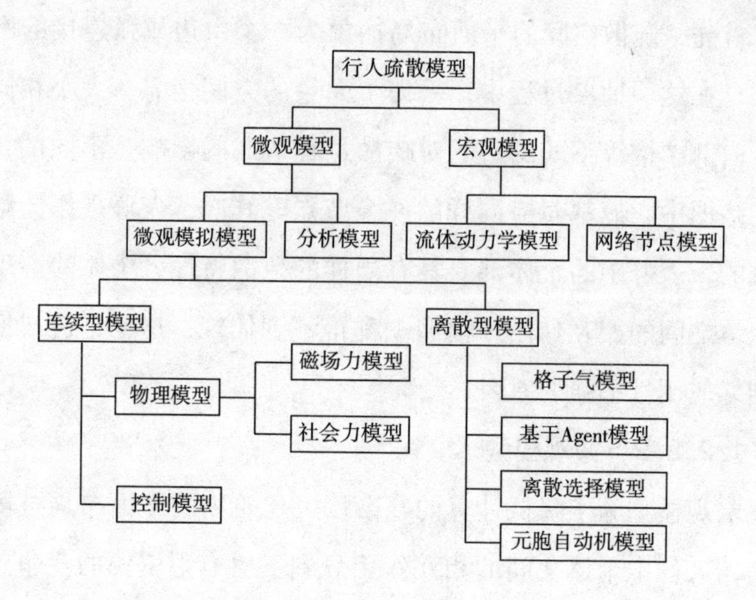

图1-3 行人疏散模型介绍

(Physical Model)，另一种是控制模型（Control Model）。

I 物理模型

物理模型用来描述行人之间的相互作用力，行人被描述为可压缩的粒子，主要是 Okazaki 等的磁场力模型（Magnetic Force Model）[96,97] 及 Helbing 等的社会力模型（Social Force Model）[3,41-44,46,47,50,74,80,122,171,176,185,198]。

磁场力模型的独特之处在于：它采用了库伦定理，把行人描述为磁场中的物体，每个行人和障碍物为正极，行人的目的地为负极，行人在磁场力和为避免冲突而产生的加速度两种力的共同作用下确定其运动方向和速度。然而，由于模型中的磁场强度是随意给定的，磁场力模型面临与收益成本模型类似的问题，无法用现实中观察到的现象去验证，从而阻碍了其发展。

在经典社会力模型中，采用牛顿第二定律对人的行动进行建模，个体运动的加速度分别由主观意识和客观环境决定。主观意识通常可以表示为个体当前速度、位置、主观移动出口、主观移动速度、反应时间等的函数。客观环境又分为其他个体和障碍物对其的影响。

其他个体对其的影响按照距离远近可分成两种情况：当两个个体间的距离较大时，将根据“领域效应”产生社会力概念上的斥力；而当距离较小时，将根据实际的接触产生社会力概念上的斥力和摩擦力。显然个体间的影响是双方距离的某种函数关系。

障碍物对个体的影响类似于其他个体影响的建模方式，障碍物对个体影响程度的大小取决于两者之间的距离。所不同的是，障碍物一般是立体的，或者说是由几个面构成的，因此，需要先对每个面进行建模，再进行综合评判。

社会力模型一经提出就引起了研究者广泛的兴趣，截至目前，经过众多研究人员的继续努力，社会力模型已经变得更加完善，并已经在许多项目中得到应用。Lakoba 等针对原社会力模型仿真孤立的个体或小型人群时出现的不符合常理的行为，引入新的特征和参数予以改进[74]。Teknomo 在社会力模型的基础上对个体之间作用力中的排斥力构建了相关的微观模拟模型[122]。宋卫国[176]于 2003 年采用社会力模型对 15m × 15m 房间内随机分布的 200 人的疏散场景进行仿真研究。重点分析了出口的宽度、厚度以及行人期望速度对于总疏散时间的影响。张青松等依据社会力模型对人群中的个体受力进行建模[198]。

社会力模型假设行人的步行行为受其内在动机的驱动，并用物理作用力表示行人的各种内在驱动因素。采用传统的矢量求和方法计算各种内在驱动因素对行人影响的线性作用，最后用合力矢量表征各因素的综合作用，使得行人像质点一样在牛顿第二定律的支配下运动。实际上各种外界因素对人类的影响作用并不是牛顿第二定理这样一种简单的线性作用原理所能描述的，不同因素的综合作用效果往往也不是线性的。具体而言，社会力模型存在以下局限性：

其一，不符合人类综合考虑各种内在驱动因素的客观规律。人类对各种外因作用的全面考虑过程是一个典型的非线性的思维处理过程，而不是线性加合规则所体现的“量大者为主”原则。

其二，不能从机理上避免行人与障碍物之间的碰撞以及行人之间的冲突。社会力模型只致力于使各单项驱动因素的作用逻辑更加合理，对于各种作用经过线性加合之后是否得出一个合理且可行的行人决策却关注得不多。尽管科学地考虑了各种单项作用，但是最终推动行人前进的是各种作用线性合成之后的结果，该合成作用并不一定能够和单项作用相协调。因此，它并不能完全避免冲突，包括行人与障碍物之间以及行人之间的冲突。

其三，未充分、细致地考虑行人的行动能力限制。行人的当前速度对于其下一步活动中的转向和改变速率都存在一定的约束作用。在基于线性加合计算规则的社会力的模拟机制上，描述这种约束作用非常困难。描述行人的行动能力方面的限制，不仅仅是简单地考虑最大速率和最大加速度数值，还需要深入地考虑行人行进方向变化与行进速率变化之间的耦合关系。

总之，社会力模型的本质局限性在于，各种驱动因素对行人的作用之间是彼此相互独立的，并采用简单的矢量求和来计算综合作用，这与行人非线性决策的本质是不相符的。与社会力模型类似的各种基于力的模拟模型都在一定程度上存在这种局限性。

Ⅱ 控制模型

控制模型用来描述行人之间的控制决策。Hoogendoorn 等[58]假设行人是预测控制者，目的是最小化行走的主观预测损失。通过在方程的可控项中引入行人间的动态博弈，运用微分方程建立行人流模型，即在模型中行人通过预测其他行人采取合作或不合作的行为来决定自己的行走策略。随后，这种博弈行为被引入双向行人流、交叉流和疏散流的研究中[40,73,117,121,152,153,206,207]。

（2）离散型模型

在离散型模型中，通常的做法是把建筑物的平面空间划分为一定大小的网格。在任意时刻，一个网格要么被占据，要么为空。因此，个体的空间位置可以由个体所处网格的编号所唯一标示。在仿真的运行过程中，时间被划分为等长的时间段，在每一时间段，所有个体依照所处的环境和自己的行为规则选择是不动还是移动到相邻的若干个网格中的一格。离散模型主要包括格子气模型（The Lattice Gas Model）[30,34,38,39,49,106,120,127]、基于 Agent 技术模型（Agent－based Model）[68,69,132,142,160,161,163,177,188]、离散选择模型（Discrete Choice Model）[2,3] 和元胞自动机模型（The Cellular Automata Model）[23,94,116,126,131,136,138,146,203,204]。

I 格子气模型

格子气模型是人们在研究流体动力学和分子动力学问题中发展起来的，它是一种微观的演化模拟方法。其基本思想是利用简单的局域相互作用规则，经过长时间的演化来反映复杂系统的整体行为，即运用微观的方法，通过局部粒子的相互作用，经过模拟获得复杂系统在宏观上表现出来的物理现象[158,168]。Muramatsu 等于 1999 年提出了用格子气模型[83]来仿真行人流。模型中行人被看作随机移动的气体分子，每个行人个体根据自己周围的情况、依照一定的概率来选择自己下一步的行动。格子气模型被用来研究行人流从低密度自由移动状态向高密度停滞状态的堵塞转移[83]、可以向 4 个方向移动的爬行行人交叉流[86]和允许侧身穿过人群的交叉流[28]。Tajima 等[119]利用格子气模型研究了开放边界的 T 形通道行人流。Nagatani[88]在格子气模型中利用平均场率方程研究了疏散“瓶颈”的行人流量。Jiang 等[64]允许格子气模型中行人速度每时间步大于一个格子，利用改进后的模型研究了行人流的速密关系。

在通常的离散模型中，一个行人占据一个网格，网格大小与行人尺寸一致，行人在每个时间步内只能移动一个网格的距离或者保持静止。这种粗糙的网格划分方式和过于简单的运行规则无法体现行人运动的连续变化，尤其不适合用来模拟高密度人群，也不能充分考虑边界条件如出口的影响。多格子模型[66]是一种体现行人相互作用的新方法，同时由于空间网格的进一步细化，模型在行人运动的连续性方面也有了一定的提高。Song 等[114]将作用力的概念引入格子气模型，提出一个所谓的基于格子气的多格子离散模型。在基于格子气的多格子离散模型[142,163,178]中，行人占用空间被细划离散为更小的格子，允许一个行人占用多个格子。这样做的主要原因是：第一，可以以一种更自然的、更精确的方式来表示空间结构；第二，当在模型中考虑将行人速度减小或增大时，如果想保持时间步长不变，空间需更细划；第三，考虑格子尺寸接近零时与空间连续模型之间的联系将是一个值得考虑的问题；第四，允许一个行人占用多个格子，能使行人交错排列，更接近现实；第五，不同体积的人占用不同面积的空间。

Ⅱ 基于 Agent 技术模型

疏散模型是一个具有高度不确定性的、动态的过程。在疏散过程中，人是具有强烈意图和目的的主体，其行为和意识会影响到整个结果。因此，疏散研究应以人为本，行人的行为和心理是模型的重点。Agent 具有主动性、交互性、协调性、社会性等特性，因此，是研究疏散模型的有利工具。

常用的是 Wooldridge 提出的 Agent 的定义[132]：Agent 是一种处于特殊环境下的系统，这个系统具有在该种环境下的自主行为，用以满足设计者的设计目标。Agent 系统[160]是高度开放的智能体系，其结构如何将直接影响到系统的智能和性能。实现 Agent 系统，就是实现 Agent 从感知到动作的映射函数。

基于 Agent 技术建模，是指在模拟模型中不再将人群作为一个整体来考虑，而是将中心放在个体的人上。在模型中，每一个人都用一个计算对象表示。在模型中只定义个人的参数和行为规则，而对其具体的行为则不作规定。在模拟的过程中，个体依照自身所处的环境，按照预先设定的行为规则选择自身的行为。在此类模型中，个体也被称为 Agent。这类模型成为基于 Agent 技术的模拟模型。

黄希发等[166]通过引入个体的竞争能力、个体的承受能力和个体的承受极限等与个体能力相关的概念，在 Agent 建模思想的指导下，建立了一种行人疏散微观模型，模型能够模拟疏散人群在出口处形成的拱形人群。

多智能体系统（Multi - Agent System，简称 MAS）是分布式人工智能的热点课题，主要研究为了共同的或各自的不同目标，自主的智能体（Agent）之间智能行为的协作、竞争等相互作用。“每个智能体代表了现实世界中一个智能性、自治的实体或个体，如人群中的个人，生态系统中的植物个体、动物个体、交通流中的汽车等。”

基于多智能体的整体建模模拟方法是一种用于研究复杂系统的新型方法，它是利用 Agent 的局部连接规则、函数和局部细节模型，建立起复杂系统的整体模型，借助计算机模拟工具、软件来研究系统的复杂性，探讨如何从小规模性质凸显大规模系统行为的一种方法。

MAS 应用最早为交通系统，1992 年，Bomarius[6]提出一种用于交通模拟系统的 MAS，思路很简单，即把全部用到的物体均作为能够相互通信的 Agent。2000 年，Rossetti 等[105]采用 MAS 技术分析了驾驶员行为建模的复杂性。Ehlert[20]在 2001 年利用反应型 Agent 建立了能够产生多种驾驶决策的驾驶员模型，实现了一个基于 MAS 技术的城域交通模拟环境。而后 MAS 在生态系统[7]等方面也有相关应用。近年来，许多研究者已经尝试构建基于 MAS 的人群中的个体行为模型并进行模拟[11]，其中 Langston[76]，Antonini[2]及 Pan[99]等借鉴 MAS 建模思想对个体行为进行了模拟分析。国内利用多智能体技术建模的主要包括浙江大学的张晋[199]、中北大学的王旭东[187]和国防科学技术大学的邓宏钟[162]等。

Ⅲ 离散选择模型

由于受视野限制、对所处环境的熟悉程度有限以及对周围行人的行人习惯不能完全了解等原因，在行人疏散过程中不同程度地存在信息不完全的现象。由于信息获取不完备，行人往往不能做出真正最优的决策。换言之，在真实的疏散过程中，行人的决策不是理论上的最优决策，简单地采用全信息感知前提下的最优决策进行模拟反而不能获得最佳的仿真效果。因此，模型中应该采用某种机制来体现信息不完全因素的影响。现有研究中采用的机制包括：使用作用力的折减、屏蔽体现视野的影响、用行为模式的转变（如自主决策转换到跟随行为）体现对环境熟悉程度的影响、用基于选择概率的随机决策体现不确定因素的干扰等。

行人的离散选择模型的建模思路为：首先，对行人附近的局部空间离散化，根据个体当前所处的环境判断下一步将要采取的行为模式；其次，针对不同的行为选择不同的效用计算方法，对离散化以后的邻域空间的有限个体选择计算选择概率；最后，采用基于选择概率的随机决策机制确定下一步行动的目的地。

2005 年，瑞士的 Gianluca Antonini 和 Michel Bierlaire 等学者，面向行人追踪和行为识别目的，利用离散选择模型对行人的步行运动开展了建模研究。在模型中提出了极具创新性的“个体邻域空间局部离散化机制”，并使用来自视频的真实数据对模型进行了标定。通过在行人追踪计数中的应用证明了模型的有效性[3]。

Ⅳ 元胞自动机模型

元胞自动机模型是离散模型中最常用的，最早是著名科学家 Von Neumann 和 Stanislaw Ulam 于 1950 年前后提出了元胞自动机的基本思想[91,92]。但从应用角度来看，直到 1960 年 John Horton Conway 运用元胞自动机设计了一种生命游戏后[29]，元胞自动机才得到更广泛的运用[81,90,118,129,130]。元胞自动机是定义在一个由有限状态的元胞组成的离散元胞空间上，按照一定的局部规则，在离散的时间上进行演化的动力学系统。由 5 个基本部分组成，分别为元胞、元胞空间、状态集、邻域和规则。元胞自动机模型将空间离散为相等的具有规则形状的元胞，如图 1 –4 所示。每个粒子占据一个元胞，根据周围邻域（见图 1 –5）的状态按照一定规则在元胞空间上不断地演化。1986 年，Cremer 和 Ludwig 首次将元胞自动机引入交通流研究中[14]。

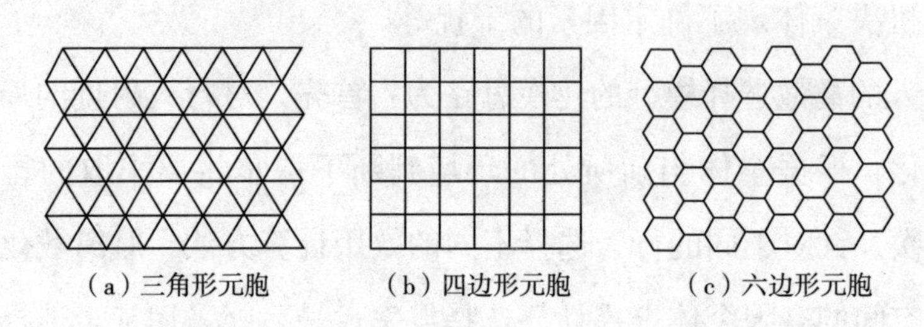

（a）三角形元胞　（b）四边形元胞　（c）六边形元胞

图 1 –4　元胞自动机模型中的网格类型

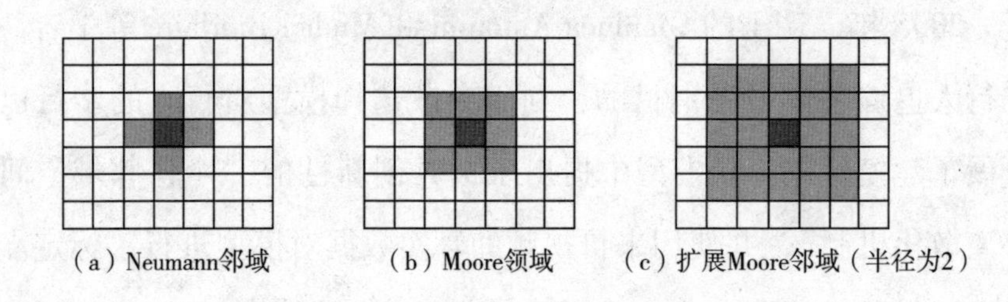

（a）Neumann邻域　（b）Moore领域　（c）扩展Moore邻域（半径为2）

图 1 –5　元胞自动机模型中的邻域类型

元胞自动机模型通过简单的演化规则，元胞自动机能够模拟复杂的现象，因此被广泛应用于行人流问题的研究中[66,144,147 –154,173,174,191 –197,205]。

在基于元胞自动机的多格子离散模型[31,66]中，类似于基于格子气的多格子离散模型，行人占用空间被细划离散为更小的格子，允许一个行人占用多个格子。元胞自动机模型引起了众多研究人员的兴趣，该模型也随之不断地完善，并已经在许多商用软件中得到应用，如 Building EXODUS 和 SIMULEX[123] 软件。Huang 和 Guo[60] 建立了一个用来模拟具有内部障碍和多出口房间内行人疏散过程的元胞自动机模型。董力耘和戴世强[161]利用元胞自动机模型研究了周期边界条件下正方形网格上行人交通中不同系统尺寸下转向运动对于相变的影响和不同比例两类行人运动时的相变现象。根据人在弱视情况下的行为特征，关超和袁文燕[165]利用元胞自动机模型对弱视情况下的人群疏散进行了模拟。在经典元胞自动机模型的基础上，通过量化确定摩擦力和排斥力的运算规则，宋卫国等[177]提出了一种新的元胞自动机模型。Song 等[115]在模拟行人疏散的元胞自动机模型中考虑 3 个量化的行人间基本作用力，并利用改进后的模型与社会力模型进行了比较。Chen 等[13]给出了考虑社会力的元胞自动机模型来刻画行人与行人之间和行人与障碍物之间的相互作用，并且利用该模型模拟研究了 T 形交叉路口的行人疏散行为。大多数行人模型是以行人某种类型行为特征为假设前提，然后被用来模拟和刻画其他的行为和现象，如不谐调转变[46]、欲快即慢效应[46]和聚集行为[65]。在 Hughes 的模型[61]中，他假设行人速度仅仅受周围行人密度的影响，且随着该密度的增加而减小。因此，行人行为特征是建模过程的关键，能被用来评价和验证模型是否适合刻画其他的行为和现象。

V层次域元胞自动机模型

德国科隆大学理论物理研究所的 Kirchner 等[65]借助仿生学的思想建立了刻画行人之间交互作用的疏散模型，该模型具有创造性和代表性，在此对其予以详细介绍。疏散空间被离散化为二维的正方形元胞，每个元胞的大小为 40cm × 40cm，包含 3 种状态：空、被障碍占据、被一个行人占据。在离散的时间步下，每个行人依据一定的转换概率可以从当前元胞移动到其相邻空元胞中，也可以保持不动。该转换概率是由元胞自身的层次域（Floor Field）[1,21,22,95,134]决定的。从物理意义上可以表述为层次域越高的元胞对行人的吸引力越大，从而该方向上的转换概率越大。引入层次域的主要目的是将大范围、远距离的作用转化为局部作用。相对于普通元胞自动机模型，层次域元胞自动机模型既可充分发挥元胞自动机简单、有效的特点，又避免陷入完全局部而忽略全局影响的行为。层次域可分为静态层次域（Static Floor Field）和动态层次域（Dynamic Floor Field），主要是用来描述元胞固定和变化的属性。

疏散过程的模拟是根据时间步实施的，时间步的值依赖于行人的移动速度。在每个时间步，行人可以沿 Neumann 邻域分布方式朝上、下、左、右 4 个方向移动一个元胞，也可以保持不动。如图 1-6（a）所示。在图 1-6（b）中，P_{ij} 是由中心元胞移动到元胞 (i,j) 的转移概率，由行人周围的局部动态状况和相互作用决定，主要表现为静态层次域 S_{ij} 和动态层次域 D_{ij}[103]。转移概率 P_{ij} 表示为

$$P_{ij} = N\exp(k_S S_{ij} + k_D D_{ij})(1 - \mu_{ij})\xi_{ij} \tag{1-1}$$

静态层次域 S_{ij} 取值往往依赖于元胞 (i,j) 到最近出口的最短距离，其中距离可以是欧几里德距离，也可以是包含曼哈顿距离[69]在内的其他距离公式，不随时间变化，且不因其他行人的出现而受影响。它可以用来描述几何布局对行人疏散行为的影响以及空间区域内不同位置具有不同的吸引力，如疏散过程中的紧急出口具有最高的吸引力，也就是静态层次域最大。

动态层次域 D_{ij} 往往代表个体运动后留下的虚拟轨迹，想法主要是受生物趋化现象的启发。如有些昆虫在觅食过程中会留下一定的标记，形成一条化学轨迹，把其他的昆虫伙伴引导到有食物的地方。

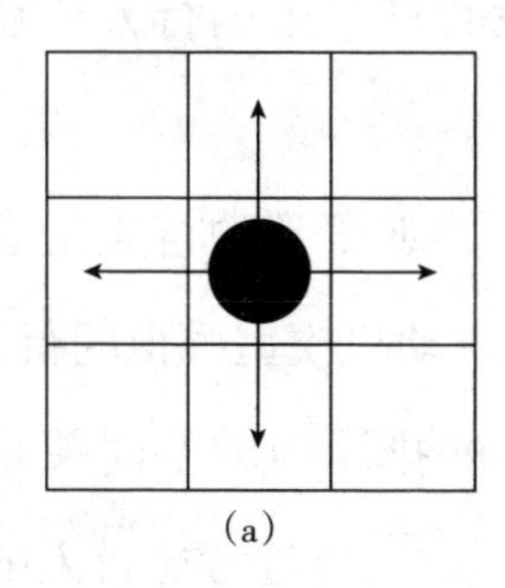

(a)

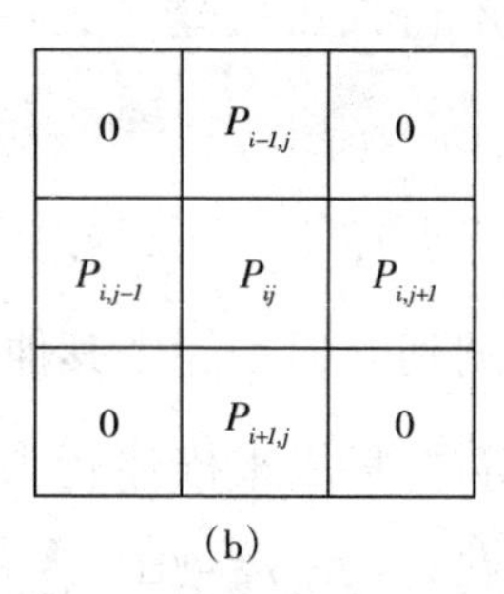

(b)

图 1－6 行人的可能移动方向（a）和相应的转移概率（b）

与生物现象不同的是，行人疏散模型中的相应轨迹是虚拟的。将动态层次域 D_{ij} 定义为元胞（i,j）中玻色子的数量，玻色子是用来记录行人的虚拟轨迹的。初始时，每个元胞内都不含有玻色子，当一个行人从元胞（i,j）移动到相邻元胞时，会在元胞（i,j）中留一个玻色子，即 $D_{ij}=D_{ij}+1$ 。在每个时间步，每个玻色子或者以概率 δ 消失，或者以概率 σ 转移到相邻的某个元胞。

k_S 和 k_D 分别是用来标定静态层次域 S_{ij} 和动态层次域 D_{ij} 的敏感参数。k_S 的取值能反映行人对房间内部结构的熟悉程度。k_D 值用来反映疏散过程中行人跟随其他行人的趋势。N 是标准化因子。μ_{ij} 表示相邻元胞（i,j）是否被其他行人占用，若被占用取值为 1，否则为 0。$\xi_{i,j}$ 与元胞（i,j）内是否存在障碍物有关。如果这个元胞被障碍物占用，则它等于 0，否则它等于 1。

若无特殊说明，该模型中的变量和参数符号在全书通用。

模型采用并行更新机制，在每个时间步内，行人对比 4 个方向的转移概率，至多只能移动一个元胞。当某个行人有多个目标元胞可以移动时，该行人在这些元胞中以相同概率随机选择一个元胞。当某个空元胞被多个行人同时选择为目标元胞时，也会以相同的概率随机选择一个行人占用这个元胞，没有被选中的行人留在原元胞位置上。

该模型的优点在于，可以模拟大多数观察到的行人动态，特别是各种实证观测到的但不能由其他元胞自动机模型模拟的行为。

Takahiro 等[21]将用来描述行人之间的排斥力的空间关系层次域引入层次域元胞自动机模型中。谢东繁等[134]通过考虑行人的焦虑行为和灵活的特征修正了原始的层次域元胞自动机模型。焦虑行为是影响行人动态疏散过程的一个重要因素，通过引入一个参数修正了行人移动到相邻元胞的转移概率。为了描述行人的灵活性特点，假设在人群拥挤的状态，一个元胞可以容纳多于一个行人，在正常的状态下，一个元胞至多只能被一个行人占用。该模型可以再现行人的快即是慢效应。

Zheng 等[150,202]将当前公共建筑内行人疏散模型分为七类，分析了每类模型的独特性和适用性，并提出了未来的研究趋势。随着行人疏散研究的深入，研究内容逐渐从疏散时间扩展到相关领域的多个方面，许多学者对影响行人疏散的各种因素的研究更加深入和细致。此外，也有一些行人疏散模型的建模出发点不同于以上的微观模型。王彦富和蒋军成[186]利用网络优化计算方法建立了地铁火灾行人安全疏散的模型，结合南京地铁的具体情况进行了疏散模拟分析，并将模拟结果与站台实地火灾演练进行了比较和分析。史建港等[179]从观众到达和离开场馆的规律出发，构建了机会模型，来分析奥运中心场馆区和周边公园范围行人的交通分布特性。肖国清等[190]基于建筑物火灾疏散中人的行为特点，确定了建筑物火灾疏散中行人行为的状态变量和速率变量，利用系统动力学的理论建立了数学模型。

冯瑞等[164]模拟了某大型超市的火灾场景，研究了火灾情况下影响人员疏散的因素。唐方勤等[182]提出了基于多层协作机制的疏散模拟方案，分别采用智能体模型、地理信息系统模型和元胞自动机模型，对人员描述层、建筑环境层与驱动转换层等功能层次进行了构建。各层次在实现自身功能的同时交互协作，达到整体功能的优化。田玉敏[183]研究了行人反应时间的分布如何影响通道上行人的疏散时间和总疏散时间。宋冰雪等[175]分析了行人对导向标志的认知过程，确定了行人对导向标志认知过程的影响因素，并将这些因素引入人员密集场所行人疏散过程建模中，利用元胞自动机提出基于导向标志可见域的行人疏散模型。李强等[167]将引导人这一要素引入疏散模型中，提高了行人疏散效率。孙立和赵林度[181]应用群集动力学理论方法，对已有的人群疏散数学模型进行了改进，用来确定一定条件下的最佳疏散通道宽度和疏散出口数量。

还有一些学者利用其他理论方法[155]研究了行人疏散过程中出现的问题。张树平等[200]利用自适应性模糊神经网络建立了紧急状态下行人疏散行动开始时间的预测模型。基于人群流动理论和离散计算方法，张青松等[201]对传统疏散时间计算公式进行了改进，并提出了疏散离散时间计算模型。通过对疏散过程中人群密度与人流通过率之间关系的研究，王振和刘茂[184]对疏散过程中的人群堵塞和恢复过程进行了分析。

1.3 主要研究问题和思路

1.3.1 研究目标

本书的主要内容是在国家重大基础科学研究973计划课题“大

城市综合交通系统的基础理论与实证研究”（2012CB725400）的框架中进行。

本书以微观模型研究与方法研究为主，综合运用行为科学、心理学以及交通科学的相关知识，详细刻画了多出口建筑物内行人在疏散过程中的出口选择的决策行为。主要集中在模型的构建和评估上，使模型能够包含更多的真实要素，以便使理论分析结果能够更加贴近实际的疏散过程中呈现出来的行人行为特征，进而达到维护群体行为秩序、优化疏散过程和提高疏散效率的目的，为建筑物疏散性能的设计、人群聚集活动的系统规划和管理等提供依据。

1.3.2 研究内容

本书主要研究建筑物内行人疏散的行人行为特征以及相关问题。首先，针对现有行人疏散问题研究存在的不足，基于对周围信息的反馈，研究预测行人流演化趋势对出口选择决策和疏散效率的影响。其次，通过考虑行人的内部因素，建模并分析行人对于出口信息的感知能力在疏散过程中的作用。再次，利用帕累托最优分析方法评估所建立模型的疏散效率。最后，通过将疏散空间划分为正菱形网格，结合行人向相邻元胞转移时路线受阻的情况，模拟了建筑物内的行人疏散过程。

本书的主要研究内容如下：

在第 2 章中，考虑到在疏散过程中行人选择最佳移动位置时，会将基于方向的行人密度作为重要的参考因素，提出了一个改进的层次域元胞自动机模型。模型中，每个元胞均有一个被影响的区域，将该区域按照方向划分为 4 个部分，用来计算每个元胞基于方向的行人密度。通过数值模拟，分析了被影响区域的大小对疏散效率的影响。另外，基于方向可视域修正了原始的层次域元胞自动机模型。方向可视域用来预测行人对各个方向的可视范围内的行人流的发展趋势。使用修正模型模拟了行人异质分布的场景。比较了在刻画出口选择方面修正模型与原始模型的差别。同时，修正模型在计算疏散时间方面的有效性及模型的普遍性被验证。

在第 3 章中，考虑到在实际的疏散过程中，当可视范围内除当前方向以外的其他方向的行人很多时，行人选择移动到当前方向的相邻元胞的概率将增大。所以为了更好地规避可能出现的拥堵，通过引入剩余方向可视域进一步改进了层次域元胞自动机模型。利用数值模拟，研究了疏散过程中的典型时刻的行人分布时散点图，分析了改进模型对于疏散效率的影响。并将模型应用于更一般的场景，验证其稳定性。

在第 4 章中，在出口宽度分布方式不均衡的前提下，通过引入行人对于出口宽度效用的感知能力，修正了元胞的静态层次域值，制定了建筑物内的元胞所属出口的新的分配方式，且给出了新分配方式的不均衡系数，并与原始分配方式进行了比较。在数值模拟中，分析了该感知系数对疏散效率的影响。揭示了疏散时间与出口宽度分布方式的不均衡系数之间的关系。

在第 5 章中，基于 Logit 离散选择原则，通过同时引入行人对出口宽度和出口处的拥挤程度的两种感知能力，完善了行人初始出口选择策略。并将其嵌入微观模型中，用来模拟多出口建筑物内的行人疏散过程。通过数值模拟，与文献［60］中模型疏散过程中的典型时刻的行人分布图作了对比。探讨了该模型在疏散时间上是否有改进，并分析了模型对于各参数的灵敏度。

在第6章中，将行人在疏散过程中的能量消耗作为评价疏散效率的除了疏散时间之外的另一标准。将第5章中引入的两种感知能力运用到每一步的模拟中，提出了改进的层次域元胞自动机模型。利用数值模拟，基于两种感知能力，分析了两个标准之间的关系。

在第7章中，由于目前的行人疏散研究会导致部分行人在疏散过程中贴近墙壁或者障碍物移动，区别于将疏散空间划分为正方形或正六边形元胞，将空间离散成了正菱形元胞，同时考虑了行人向相邻元胞转移时路线受阻的情况，改进了层次域元胞自动机模型，并对相关参数进行了灵敏度分析。

在第8章中，总结了本书的主要研究结论，并且对未来研究趋势做出展望。

本书的结构安排如图1－7所示。

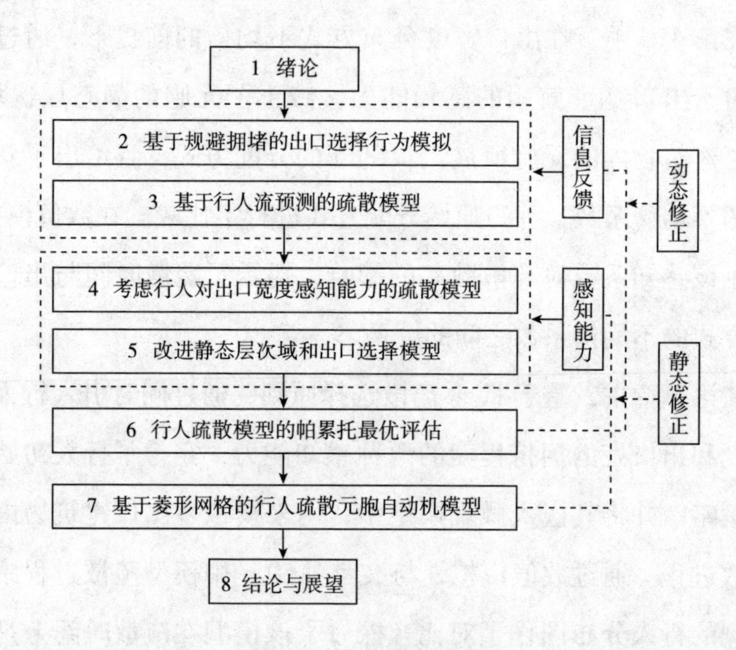

图1－7　本书的结构安排

2　基于规避拥堵的出口选择行为模拟

在多出口建筑物内的行人疏散过程中，行人对于诸如方向、速度和路径等可变因素的决策过程是很灵活的，他们会通过识别周围的动态环境，频繁地搜寻并选择每一步的最佳位置，以求在最短时间内完成疏散。

2.1　考虑移动方向行人密度的改进层次域元胞自动机模型

在模拟多出口建筑物内的行人疏散过程时，多数模型没有将各个元胞的被影响区域内的行人密度作为出口选择决策的要素。但是一般情形下行人在进行决策时，往往会认为他选择的移动方向上的被影响区域内的其他行人可能和他选择相同的移动方向，进而选择相同的出口。考虑到出口“瓶颈”的疏散能力，会提前避免在出口处出现拥堵。而所谓的被影响区域的大小是与出口的疏散能力相关的。在同等条件下，若出口的疏散能力强，被影响区域相对会小。

元胞的被影响区域主要用来计算当前时间步基于各个方向的行人密度，在形状上没有特殊的要求。本节中，将其定义为半径为 r

的圆形。

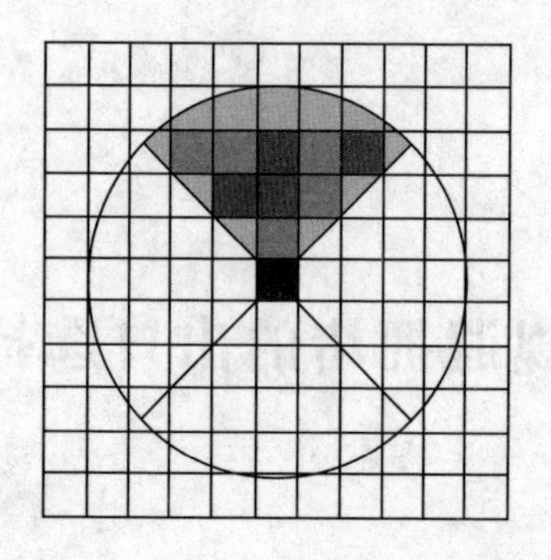

图 2-1　基于方向 U 的行人密度的计算方法示例

2.1.1　模型描述

元胞 (i,j) 基于方向 U（上），D（下），L（左）和 R（右）的行人密度依次被记为 $O_{i,j}^{rU}$，$O_{i,j}^{rD}$，$O_{i,j}^{rL}$ 和 $O_{i,j}^{rR}$。$O_{i,j}^{rU}$ 定义为元胞 (i,j) 的半径为 r 的被影响区域内的基于方向 U 的被占用元胞的个数。类似地，$O_{i,j}^{rD}$，$O_{i,j}^{rL}$ 和 $O_{i,j}^{rR}$ 依次被定义为元胞 (i,j) 的半径为 r 的被影响区域内的基于方向 D，L 和 R 的被占用元胞的个数。图 2-1 给出了半径 r 取值为 4 的被影响区域内基于方向 U 的行人密度的计算方法，基于方向 U 的被影响区域是位于上方的 1/4 圆，包含 9 个完整的正方形元胞，其中 4 个深灰色的元胞用来表示被其他行人占用的元胞，因此，$O_{i,j}^{rU}=4$。

在每个时间步，元胞 (i,j) 基于 4 个方向 U，D，L 和 R 的转移概率依次被定义为

$$P_{ij}^{U}=N_{ij}\exp\left(k_s S_{i-1,j}+k_D D_{i-1,j}+\frac{k_O}{O_{i-1,j}^{rU}}+\frac{k_E}{E_{i-1,j}^{m}}\right)(1-\mu_{i-1,j})\xi_{i-1,j} \tag{2-1}$$

$$P_{ij}^{D} = N_{ij}\exp\left(k_s S_{i+1,j} + k_D D_{i+1,j} + \frac{k_O}{O_{i+1,j}^{rU}} + \frac{k_E}{E_{i+1,j}^{m}}\right)(1-\mu_{i+1,j})\xi_{i+1,j} \quad (2-2)$$

$$P_{ij}^{L} = N_{ij}\exp\left(k_s S_{i,j-1} + k_D D_{i,j-1} + \frac{k_O}{O_{i,j-1}^{rU}} + \frac{k_E}{E_{i,j-1}^{m}}\right)(1-\mu_{i,j-1})\xi_{i,j-1} \quad (2-3)$$

$$P_{ij}^{R} = N_{ij}\exp\left(k_s S_{i,j+1} + k_D D_{i,j+1} + \frac{k_O}{O_{i,j+1}^{rU}} + \frac{k_E}{E_{i,j+1}^{m}}\right)(1-\mu_{i,j+1})\xi_{i,j+1} \quad (2-4)$$

其中，E_{ij}^{m} 表示元胞（i,j）到出口 m 的距离。k_O 和 k_E 分别是用来标定 $O_{i,j}^{r}$ 和 $E_{i,j}^{m}$ 的敏感参数。

在式（2－1）中，当参数 k_O 和 k_E 均取0值时，改进模型即为绪论中介绍的层次域元胞自动机模型[65]中的式（1－1）。

2.1.2　行人均匀分布的数值模拟

疏散空间被离散为60×60个元胞，4个出口分别位于四面墙的中间，每个出口的宽度均为4个元胞。500个行人随机分布在房间内。时间步取值为0.3s，即行人的速度大约为1.33m/s。在每个时间步，每个行人根据由式（2－1）至式（2－4）计算得到的转移概率朝上、下、左、右4个方向选择一个元胞移动，或者保持不动。设参数 k_S，k_D，k_O 和 k_E 分别取值为2、1、5和2。消失概率 $\delta=0.5$，扩散概率 $\sigma=0.5$。当出口在被影响区域内时，行人不再考虑各个方向的行人密度，选择从相应的出口疏散出去。对每组参数都进行10次模拟，并记录其平均值。

为了研究被影响区域半径 r 对疏散过程的影响，3个场景被模拟：

场景1：被影响区域半径 r 取8个元胞；

场景2：被影响区域半径 r 取16个元胞；

场景3：被影响区域半径 r 取32个元胞。

图2－2至图2－4依次记录了3个场景中的前三次模拟过程中被成功疏散的行人数与时间步的关系。

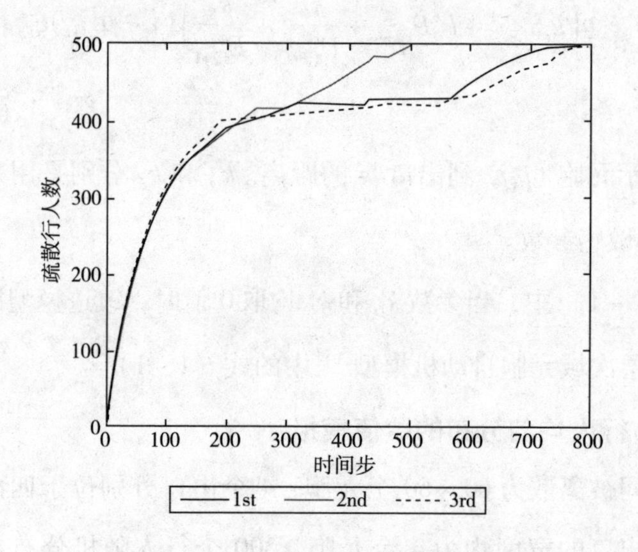

图2－2　场景1中被成功疏散行人数随着时间步的变化曲线

在图2－2中可以看出，对场景1的模拟，当时间步大于300时，每两次模拟的差别是很明显的。所有行人会在800个时间步内被成功疏散。且第一次模拟的曲线图中包含多段水平直线部分，说明在这些时间步内，没有行人被成功疏散。

图2－3给出了场景2的前3次模拟中被成功疏散的行人数随着时间进展的变化曲线，3条曲线均不包含类似图2－2中第一次模拟曲线中出现的水平直线部分，且所有行人在600个时间步内被

成功疏散。

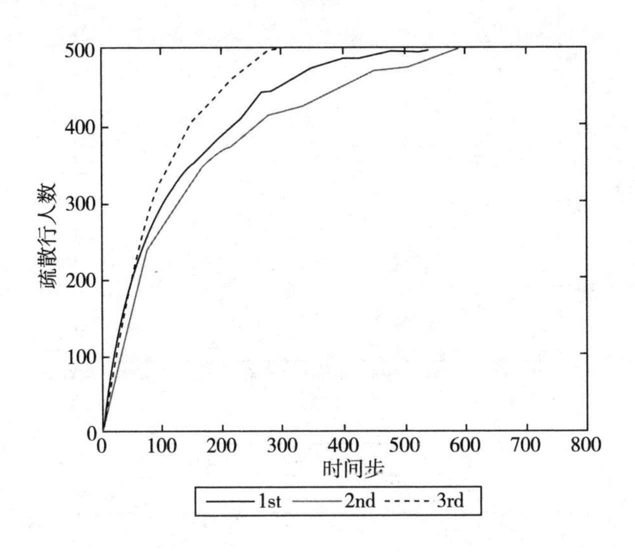

图 2 –3　场景 2 中被成功疏散行人数随着时间步的变化曲线

在场景 3 中，图 2 –4（a）给出了被影响范围半径为 32 个元胞的前 3 次模拟曲线，可以看到 3 条曲线基本吻合，且所有行人在 300 个时间步内被成功疏散。在疏散所需时间和疏散稳定性方面都有较大的提高。

图 2 –4（b）给出了由文献［65］中的模型模拟得到的前 3 次模拟结果，与图 2 –4（a）对比可以看出本节中的模型相对更加稳定。

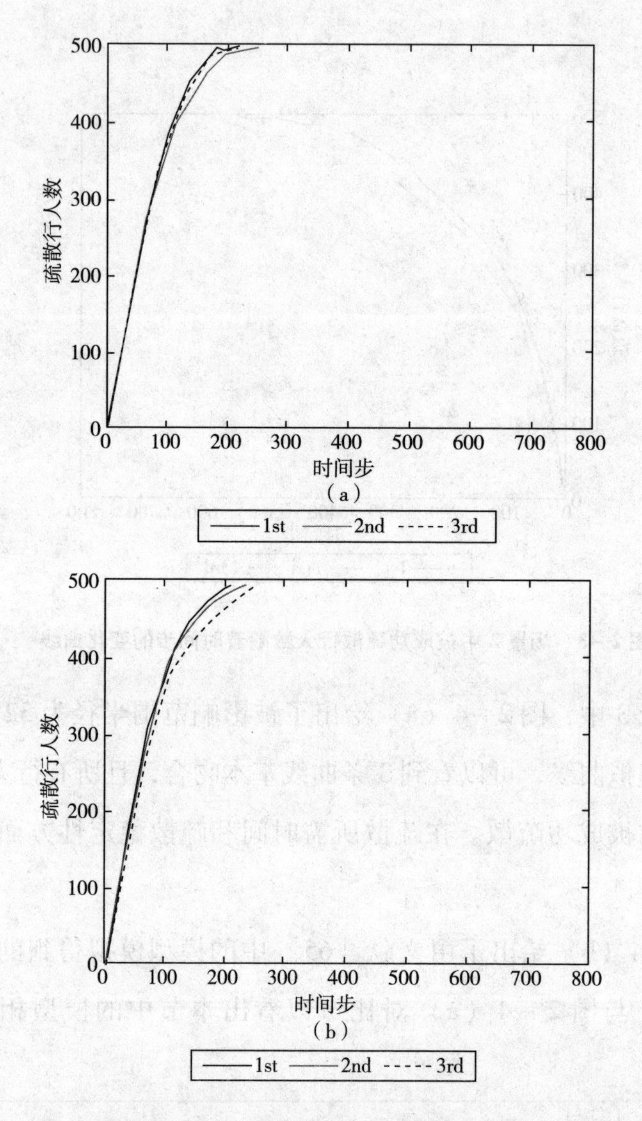

图 2－4　(a) 由本节中模型模拟场景 3 得到的被成功疏散行人数随着时间步的变化曲线；(b) 由文献 [65] 中模型模拟得到的被成功疏散行人数随着时间步的变化曲线

图 2－5 给出了平均疏散时间与被影响区域半径 r 的关系曲线。如图所示，当被影响区域半径 $r \in [8, 32]$ 时，平均疏散时间随着 r

的增加，先增大、后减小。当 r 取值为 12 个元胞时，平均疏散时间最大。这是由于当 r 偏小时，基于方向的行人密度不仅没有发挥作用，还使得行人频繁地改变移动方向，导致了疏散时间的增加。当 $r \in [12, 32]$ 时，随着 r 的增加，疏散行人可以更大范围地了解周围行人密度，及时躲避行人密度大的地方，从而使疏散时间减少。

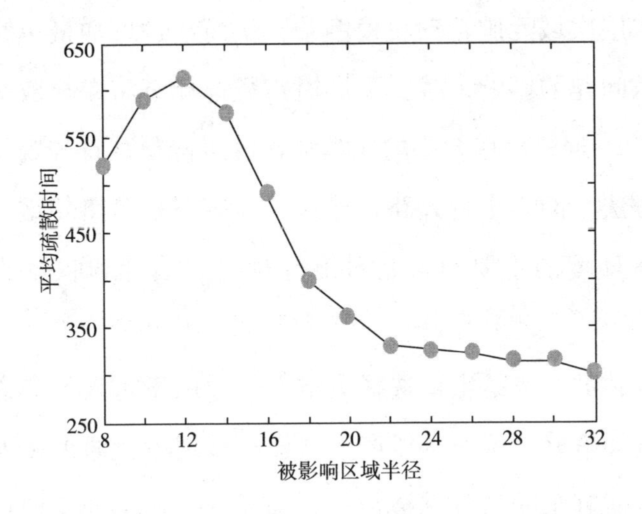

图 2-5 平均疏散时间与被影响区域半径 r 关系曲线

2.2 考虑方向可视域的改进层次域元胞自动机模型

2.2.1 问题背景

在含有多个出口的建筑物内，当行人异质分布时，疏散问题的多数模型不能准确地模拟疏散过程[148]。而事实上，现实中存在很多行人集中分布在建筑物的某个特殊区域内的异质分布情形，如展厅内参观画展的人在解说员的指引下会集中在某个作品的前面聆听讲解，若这时出现异常情况需要迅速将行人疏散出展厅，这样的场景就是初始时行人集中分布的。

在多出口建筑物内，最优路径的选择是影响疏散过程的一个关键行为。将用来描述行人为了规避拥堵而接受较长路径的行为因素引入使用动态势能域方法的行人动态模型中，模拟结果比多数情形下仅考虑最短路径更贴近实际的疏散过程[70]。环境分析者，即行人通过使用 kernel Rosenblat – Parzen 的密度估计法大概判断行人密度，并将其引入层次域元胞自动机模型中，从而通过增加最短时间选择策略对疏散问题的影响，减少了最短路径选择策略在疏散决策中所占的比例[67]。通过使用合适的成本收益分析函数，将被观察环境的最快路径方法与网络中行人路径选择的最短路径策略相结合，其中影响被观察环境的主要因素是对出行时间的估计和收益的估计与评估[125]。

另一个关键行为是出口选择策略[32,60]。由于行人不知道其他行人的出口选择策略，很有可能产生这样一种现象，即很多人涌向某一个出口，而剩余的出口仅被很少人选择。一旦出现这种现象，所有行人被成功疏散所需的时间就会增加。

在实际的疏散过程中，若行人熟悉房间的结构，在做出口选择决策时，不仅会考虑各个出口的不变信息（如出口位置和出口宽度）和动态信息（出口处行人分布），而且会将在路径上可能出现的行人拥堵纳入考虑范围。

2.2.2 模型描述

在目前的研究中，行人常常被假设为对自身周围情况、出口的位置、障碍物布局等疏散环境是全知的，而对行人视野受影响的行人疏散研究则相对较少。视野受影响的行人疏散是一个不同于正常疏散的复杂的动态过程。行人视野即行人可辨识疏散信息的范围，可简单称为可视范围，在该范围内行人可以清楚地判断目标。本节中，假设行人的可视范围为以行人为中心、以 r 为半径的圆形，r 被称为可视半径，其大小取决于行人个体特征及疏散环境（如障碍物的分布方式以及是否有烟雾等）。

方向可视域被定义为基于各个方向的可视范围内的没有被占用的元胞个数。本章中，每个元胞有 4 个方向可视域，元胞 (i,j) 的方向可视域记为 V_{ij}^{rU}，V_{ij}^{rD}，V_{ij}^{rL} 和 V_{ij}^{rR}，依次对应于 4 个方向 U（上），D（下），L（左）和 R（右）。其中，V_{ij}^{rU} 是元胞 (i,j) 的对应于方向 U 的半径 r 的可视范围内的空元胞的个数。在图 2－1 中，中心元胞为元胞 (i,j)，它朝上方向的可视范围是位于上方的 1/4 圆，其中灰色元胞用来表示空元胞，所以基于向上方向的可视域是 $V_{ij}^{4U}=5$。类似的，V_{ij}^{rD}，V_{ij}^{rL} 和 V_{ij}^{rR} 依次表示基于向下、左、右的方向可视域。

在每个时间步，沿着 4 个方向 U，D，L 和 R，选择一个未被占用的元胞 (i,j) 的转移概率定义为

$$P_{ij}^{U}=N_{ij}\exp\left[k_sS_{i-1,j}+k_DD_{i-1,j}+k_VV_{i-1,j}^{rU}+\sum_{m\in U}\left(k_CC_l^m+\frac{k_E}{E_{i-1,j}^m}\right)\right](1-\mu_{i-1,j})\xi_{i-1,j} \tag{2-5}$$

$$P_{ij}^{D}=N_{ij}\exp\left[k_sS_{i+1,j}+k_DD_{i+1,j}+k_VV_{i+1,j}^{rD}+\sum_{m\in D}\left(k_CC_l^m+\frac{k_E}{E_{i+1,j}^m}\right)\right](1-\mu_{i+1,j})\xi_{i+1,j} \tag{2-6}$$

$$P_{ij}^{L}=N_{ij}\exp\left[k_sS_{i,j-1}+k_DD_{i,j-1}+k_VV_{i,j-1}^{rL}+\sum_{m\in L}\left(k_CC_l^m+\frac{k_E}{E_{i,j-1}^m}\right)\right](1-\mu_{i,j-1})\xi_{i,j-1} \tag{2-7}$$

$$P_{ij}^{R}=N_{ij}\exp\left[k_sS_{i,j+1}+k_DD_{i,j+1}+k_VV_{i,j+1}^{rR}+\sum_{m\in R}\left(k_CC_l^m+\frac{k_E}{E_{i,j+1}^m}\right)\right](1-\mu_{i,j+1})\xi_{i,j+1} \tag{2-8}$$

其中，N_{ij} 是一个标准化因子，用来保证 $P_{ij}^{U}+P_{ij}^{D}+P_{ij}^{L}+P_{ij}^{R}=1$。$k_V$ 是用来标定方向可视域的敏感参数。

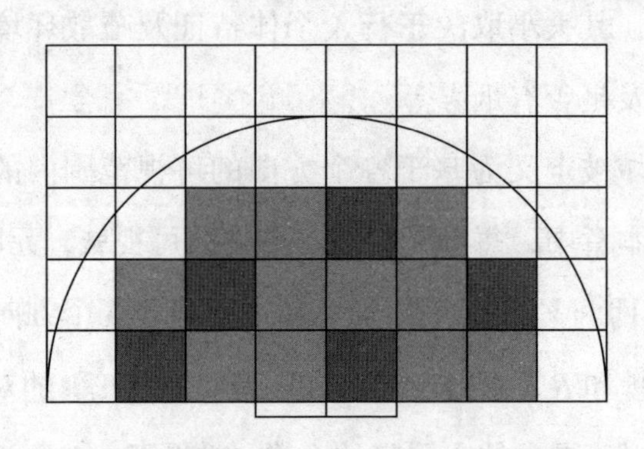

图 2-6　备用容量 C_l^m 的计算方法示例

在式（2-5）至式（2-8）中，C_l^m 表示出口 m 附近以 l 为半径的有效区域内的备用容量，定义为出口 m 附近的有效区域内的没有被占用的元胞个数[140]。出口 m 的有效区域指的是出口附近的特殊区域，对形状和大小没有特殊要求。本节中，有效区域被定义为以出口为中心、以 l 为半径的半圆，如图 2-6 所示。在图中，$l=4$，半圆形区域为出口的有效区域，共包含 16 个完整的元胞，灰色元胞用来表示没有被占用的元胞，则 $C_l^m=11$。很明显，若行人在出口处形成拥堵，那么这个出口的备用容量会相对小。k_C 是用来标定 C_l^m 的敏感参数。

在式（2-5）中，当参数 k_O，k_E 和 k_V 均取 0 值时，改进模型即为绪论中介绍的层次域元胞自动机模型[65]中的式（1-1）。

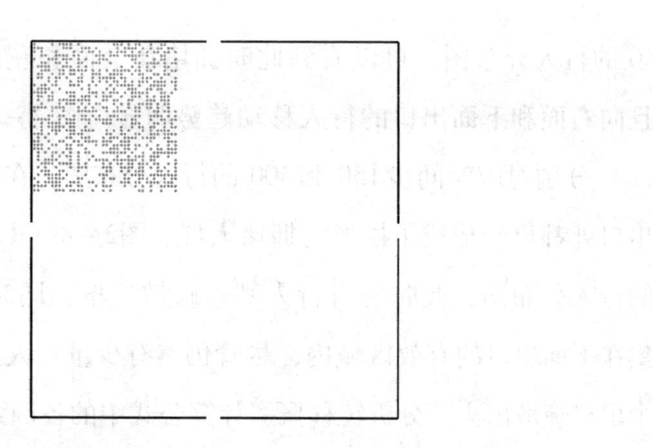

图 2－7 疏散初始时，1200 个行人被均匀分布在房间（大小为 100×100 个元胞）的特殊区域（大小为 40×40 个元胞）内

2.2.3 行人异质分布的数值模拟

Ⅰ疏散场景

本节中，疏散房间内有一个特殊区域，初始时行人被均匀分布在这个区域内，如图 2－7 所示。房间被离散为 100×100 个元胞，且在每面墙中间有一个宽度为 4 个元胞的出口。特殊区域的大小为 40×40 个元胞，1200 个行人被均匀分布在这个区域内。在每个时间步，行人通过比较由式（2－5）至式（2－8）计算所得的转移概率，向最大转移概率对应的方向（上、下、左或右）移动一个元胞，若相邻的 4 个元胞均被其他行人占用，则保持不动。

Ⅱ疏散时空图

设参数 k_S，k_D，k_V，k_C 和 k_E 依次取值为 2.1、1.0、0.1、0.1 和 2.0。消失概率 $\delta=0.5$，扩散概率 $\sigma=0.5$。可视域范围半径 r 取值为 15 个元胞，出口有效区域半径 l 均取值为 10 个元胞。

在行人疏散动态过程中，时间步为 50、150、300 和 500 的 4 个典型时刻的时空图在图 2－8 中被给出。图 2－8（a）对应于时间步

50 的行人分布图，可以看到此时拥堵在上面和左面的出口处形成，且向右面和下面出口的行人移动趋势明显。图 2－8（b）和图 2－8（c）分别对应时间步 150 和 300 的行人分布图，在这两个时刻，4 个出口处都已经形成了拱形的拥堵人群。图2－8（d）对应时间步 500 的行人分布图，此时所有行人基本疏散完毕，同时发现没有行人聚集在下面出口的有效区域内，尽管仍然有少量行人正在等待从其他 3 个出口疏散出去。分析转移概率计算公式中的各因素可知，若这 3 个出口有效区域内的行人改从下面的出口疏散的话，将会花费更长的时间。也就是说，这时到出口的距离在疏散过程中起了关键性作用。

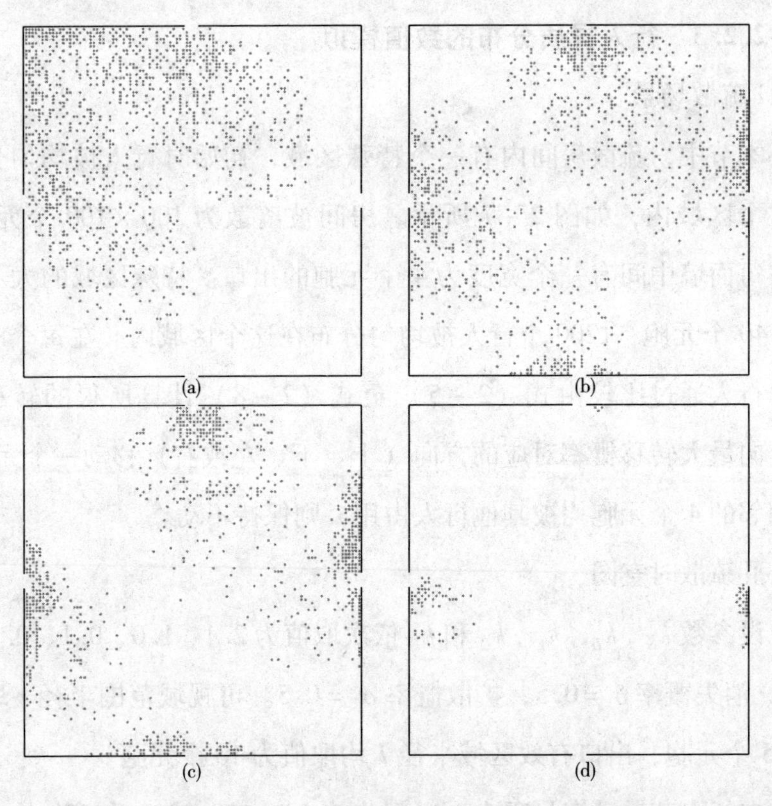

图 2－8　由改进的模型得到的行人在移动动态过程中的 4 个典型时刻的行人分布图：时间步 50（a）、150（b）、300（c）和 500（d）

为了体现改进模型的合理性，传统的模型[65]被用来模拟该场景，并且疏散过程中的4个典型时刻的行人分布图也被给出，如图2－9所示。图2－9（a）到图2－9（d）依次对应于时间步50、300、550和800。从图2－9中可以看出，由于行人集中在房间的最上角，右面和下面的出口在使用该模型得到的模拟过程中一直都没有被使用到。通过对比图2－8（d）和图2－9（d）可以得出，由该模型将全部行人成功疏散所需的时间明显大于改进模型。显然，这是由于改进模型考虑了方向可视域以及出口处的备用容量使得行

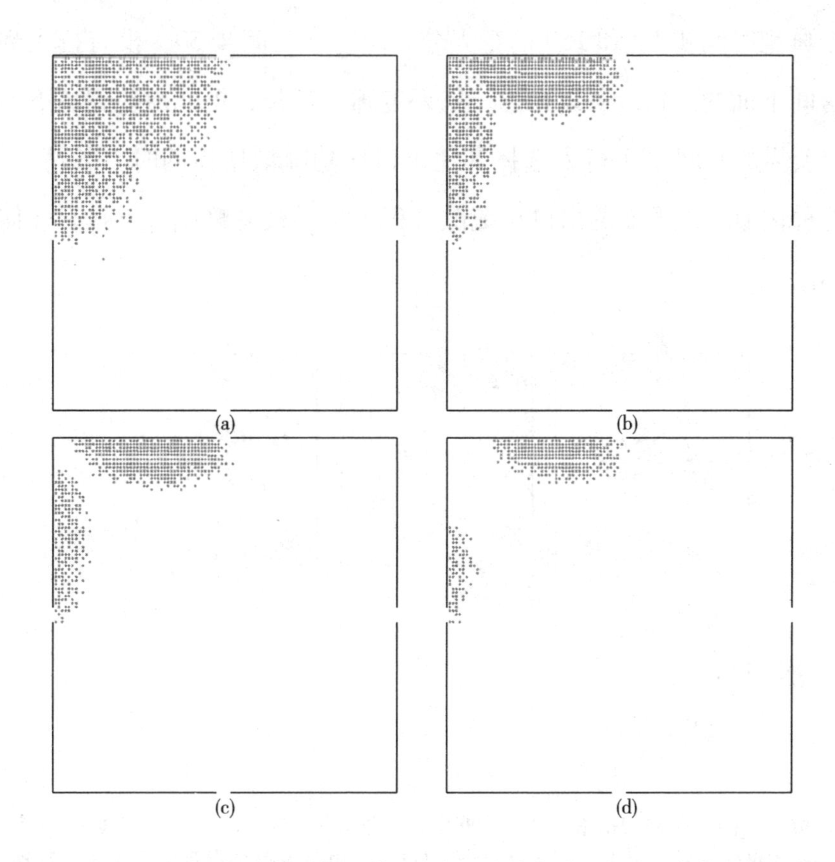

图2－9　由文献［10］中模型得到的行人在移动动态过程中的4个典型时刻的行人分布图：时间步50（a）、300（b）、550（c）和800（d）

人选择向下和向右的元胞的转移概率增加了，减小了选择向左和向上的元胞的转移概率，从而缩短了部分行人在左面和上面出口处的等待时间，进一步也导致了各个出口可以被均衡利用。

通过用改进模型模拟具有不同结构的房间内的疏散过程研究了改进模型的稳定性。如图 2－10（a）所示，房间形状类似于走廊，大小为 50×100 个元胞。初始时，1200 个行人随机分布在大小为 40×40 的特殊区域内。其他所有参数的取值和模拟图 2－8 时使用的相同。图2－10（b）和图2－10（c）描述了行人动态移动过程中的两个典型时间步 50 和 150 的行人分布图。在时间步 50，没有行人到达房间下面的出口。可以预想，如果走廊足够长，可能出现到达下面出口所需的时间多于行人选择其他出口成功疏散所需的时间的情形。在这种情形下，下面的出口在疏散过程中将会被忽略或者不具有任何效用。

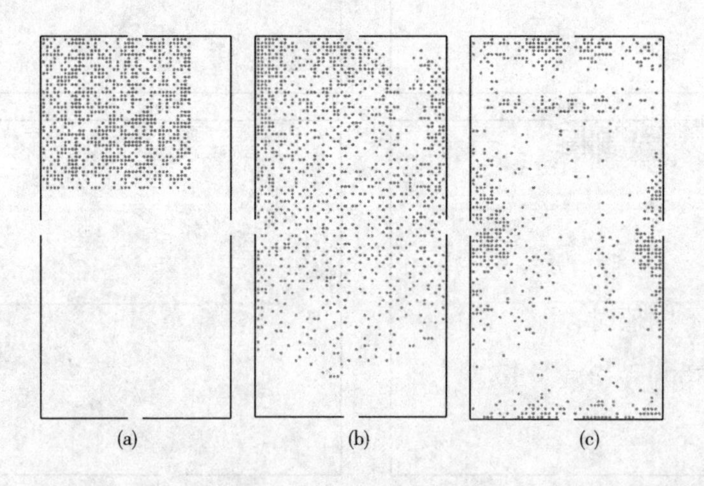

图 2－10　（a）疏散的初始时刻：1200 个行人随机分布在房间（大小为 50×100 个元胞）的特殊区域（大小为 40×40 个元胞）内；由改进模型得到的行人在移动动态过程中的两个特殊时刻的行人分布图：时间步 50（b）和时间步 150（c）

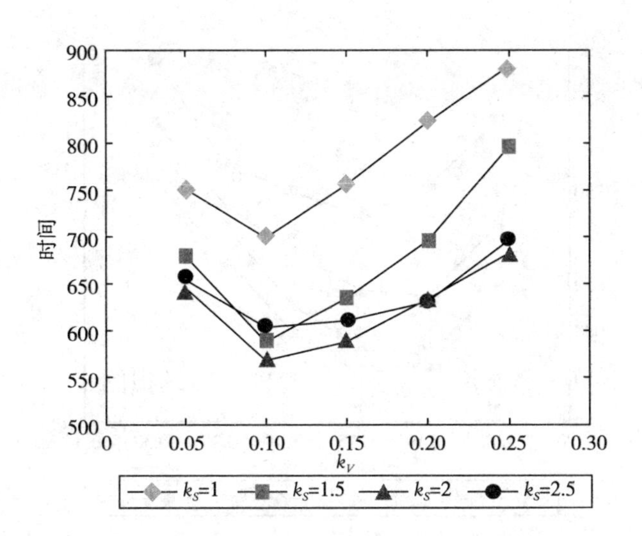

图 2-11 当 k_D =1，k_C =0.1 和 k_E =2 时，疏散时间（时间步）随着参数 k_V 的变化曲线

Ⅲ参数灵敏度分析

本节通过使用改进模拟第Ⅰ小节中介绍的疏散场景，对各模型参数的进行灵敏度分析。每组参数都进行 10 次模拟，并记录其平均值。

图 2-11 到图 2-12 显示了不同取值参数组 k_S，k_D，k_C 和 k_E 下，平均疏散时间随着参数 k_V 的变化曲线。

从图 2-11 中可以看到，当参数 k_D =1，k_C =0.1 和 k_E =2 且 k_S 取 4 个不同值时，随着参数 k_V 的增加，平均疏散时间呈非单调变化趋势，均为先递减、后递增。

在图 2-12 中也可以看到类似的结果，此时参数 k_S =2，k_C =0.1 和 k_E =2 且 k_D 取 4 个不同值。这也表明了盲目地跟随其他行人会导致疏散时间增加[46]。

在图 2-13 中，k_C 取了 3 个不同值，且 k_S =2，k_D =1 和 k_E =2，

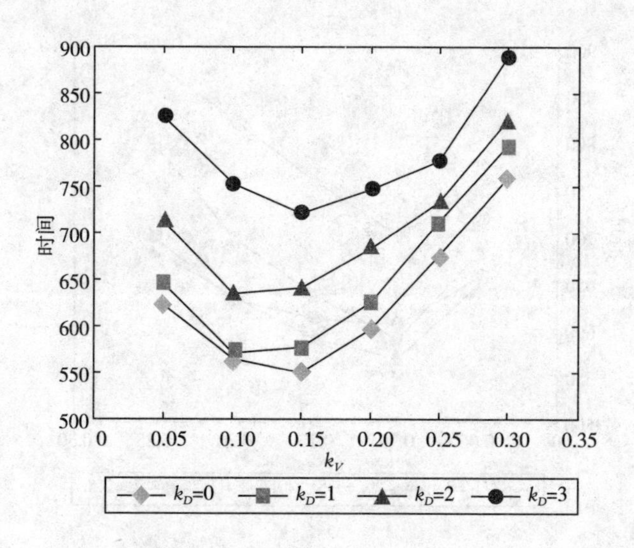

图 2 - 12　当 k_S =2，k_C =0.1 和 k_E =2 时，疏散时间（时间步）随着参数 k_V 的变化曲线

平均疏散时间随着参数 k_V 的变化趋势同样是非单调的。

将这 3 个图组合在一起观察，可以粗略地认为当参数 k_V 取值为 0.1 或者 0.15 时，平均疏散时间达到最小值。究其原因，可以当参数 k_V 取值接近于 0 时，选择房间上面和左面出口的概率会相对较大，使得在这两个出口处会形成严重的拥堵，而几乎没有行人选择下面和右面的出口，从而导致多数行人由于等待造成疏散所需的时间增加。反之，当参数 k_V 取值过大时，下面和右面的出口会被太多的行人选择，由于到这两个出口的距离大会增加移动时间。这两种情形都会在系统上导致更长的疏散时间。因此，参数 k_V 对应最优疏散时间的具体取值应该由房间的物理结构所决定。

Ⅳ 各出口备用容量时变图

图 2 - 14 给出了 4 个出口的备用容量时变图。从图中可以看到，在疏散的初始阶段，房间的左面和上面出口的备用容量迅速减小，

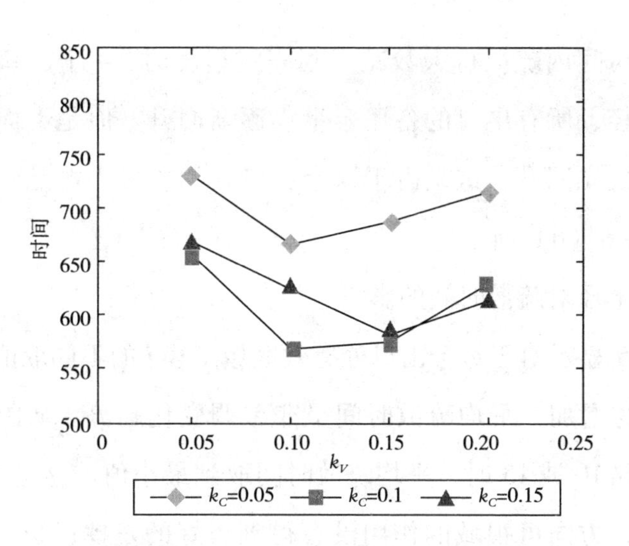

图 2－13　当 $k_S=2$，$k_D=1$ 和 $k_E=2$ 时，疏散时间（时间步）随着参数 k_V 的变化曲线

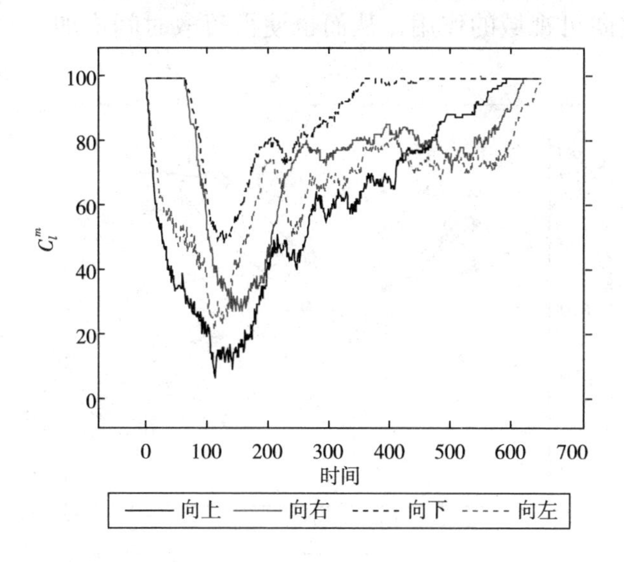

图 2－14　当 $k_S=2$，$k_D=1$，$k_V=0.1$，$k_C=0.1$ 和 $k_E=2$ 时，4 个出口的备用容量

而下面和右面出口的备用容量保持在最大值。随着时间的推移，下面和右面的出口处也形成拥堵，从而这两个出口处的备用容量也随之减小。当房间内疏散行人数减小到一定程度时，4 个出口处的拥堵都相应减轻，所有出口的备用容量也逐渐回升。但是下面出口的备用容量会最先回升，这是由于这个出口处的拱形人群是最先消散的，如图 2－8（d）所示。

V 可视半径对疏散时间的影响

图 2－15 显示对于每个出口处有效区域半径 l 的不同取值，随着可视半径 r 的增加，平均疏散时间呈非单调变化趋势。从图中可以看到，当 r 取 10 或 15 时，平均疏散时间取到最小值。这是由于当 r 取值较小时，方向可视域的作用没有得到很好的发挥；当 r 取值大于 15 时，导致某些出口的有效区域和可视范围的交叉部分增加，同样会减少方向可视域的作用，从而也使得疏散时间增加。

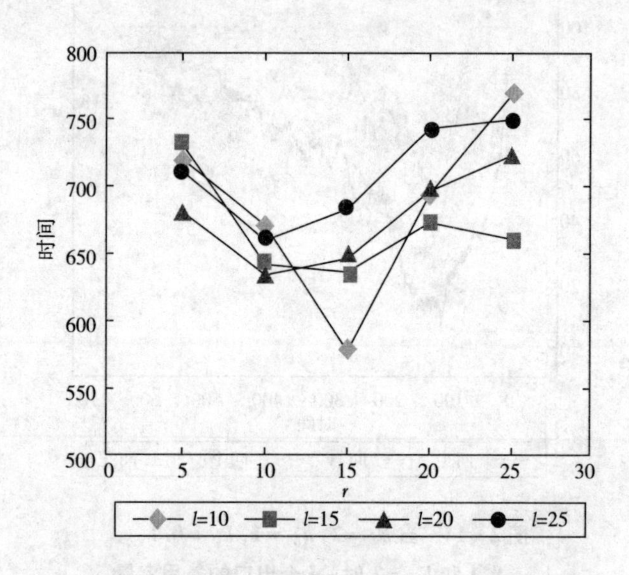

图 2－15　在不同的有效区域半径 l（元胞）取值下，疏散时间（时间步）随着可视半径 r（元胞）的变化曲线

Ⅵ 模型对比

首先，通过对比 3 个模型的模拟结果评估改进模型，这 3 个模型分别为本节中的模型、文献［65］和文献［148］中的模型。房间内总的行人数不变，通过改变特殊区域的边长，行人的初始分布方式（集中程度）被改变了。图2－16中显示由文献［65］中的模型模拟得到的平均疏散时间对初始行人分布方式最为敏感（曲线的斜率最大）。本节中的模型得到的平均疏散时间最小，当特殊区域边长较小（行人分布较集中）时尤为显著。因此，采用合理的出口选择策略（如本节中考虑的方向可视域）可以明显地降低疏散时间。当特殊区域的边长为 100 个元胞时，集中分布就是随机分布。且在这种情形下，由本节中模型得到的疏散时间同样小于另外两个模型。

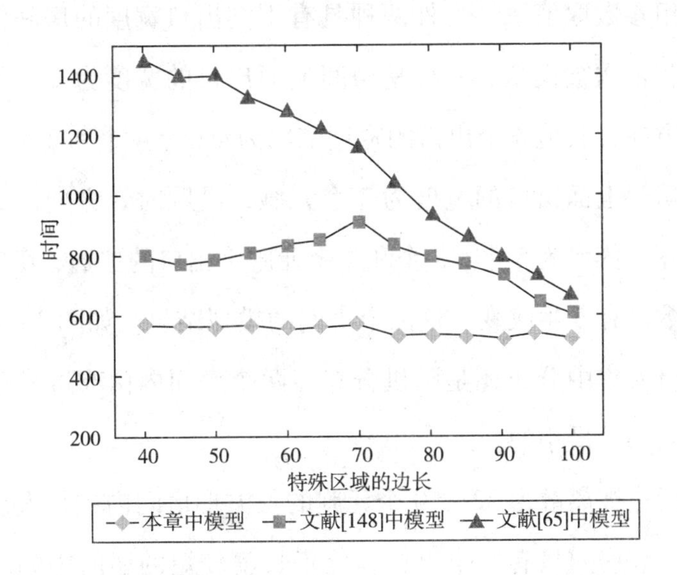

图 2－16 由文献［65］和文献［148］中的模型及改进的模型得到的疏散时间随着特殊区域的边长（元胞）的变化曲线

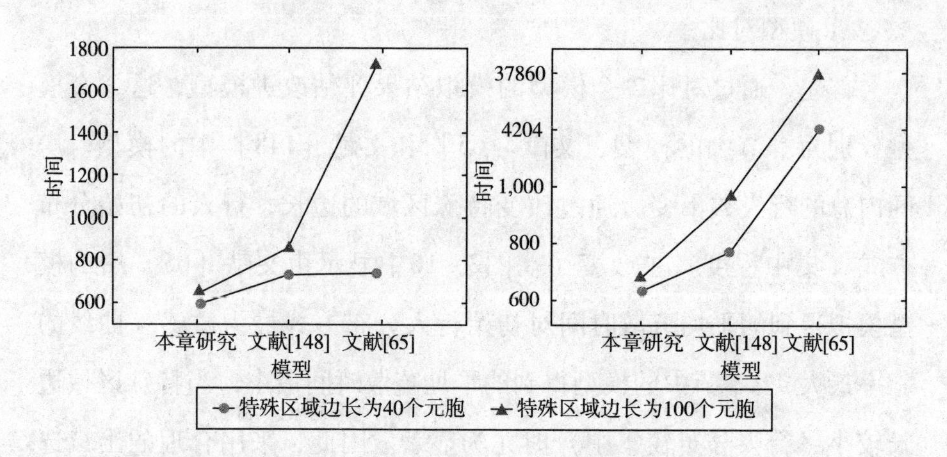

图 2－17 在具有不同出口宽度的两个房间内，对特殊区域边长为 40 和 100 个元胞的两种情形，文献［65］和［148］中的模型及改进的模型得到的疏散时间对比

其次，为了验证改进模型的适用范围，房间的出口宽度被改变。在同一组参数取值下，另外两种具有不同出口宽度的房间内的行人疏散过程依次被模拟。一种是房间上面出口的宽度为 2 个元胞，沿顺时针方向，其他 3 个出口的宽度依次为 4 个、4 个和 2 个元胞；另一种是房间上面出口的宽度为 2 个元胞，沿顺时针方向，其他 3 个出口的宽度依次为 5 个、3 个和 4 个元胞。出口的位置、房间的大小和总人数没有发生改变。这两个房间的模拟结果，如图 2－17 所示。无论是行人集中分布还是随机分布，两个房间内由改进模型得到的疏散时间都是最小的。

最后，被离散为 22×10 个元胞的长方形房间内的行人疏散过程被模拟，该房间只有一个出口，位于长度较短的墙的中间。出口宽度分别被设置为 2 个、3 个、4 个和 5 个元胞，这与文献［68］中的疏散场景相似，100 个行人随机分布在房间内。局限于房间结构，可视半径 r 取值为 10 个元胞。

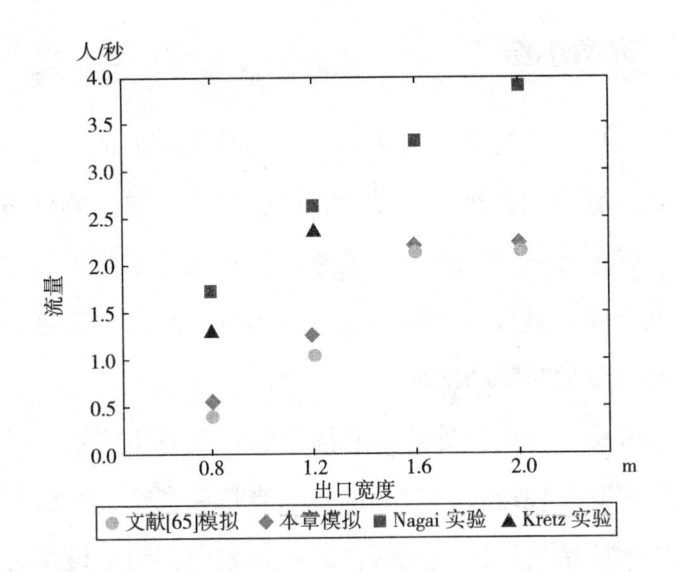

图 2-18 单出口房间内，不同出口宽度下的行人疏散流量

注：圆形和菱形分别表示由文献［65］和本节中的模拟得到的对于出口宽度为 0.8、1.2、1.6 和 2.0（米）的流量（人/秒）。正方形表示由文献［87］中的 Nagai 实验得到的对于出口宽度为 0.8、1.2、1.6 和 2.0（米）的流量（人/秒）。三角形表示由［68］中的 Kretz 实验得到的对于出口宽度为 0.8 和 1.6（米）的流量（人数/秒）。

通过观察图 2-18 可以得出，对于相同出口宽度，由改进模型模拟得到的行人疏散流量略优于文献［65］的模拟结果，低于 Kretz[68,109] 和 Nagai[87,109] 的实验数据。Kretz 和 Nagai 的流量值之间的差别在文献［109］中有相关讨论。通过与文献［65］的数据对比，说明在单出口疏散场景下方向可视域的引入不会降低疏散效率，相反会提早预防疏散行人在出口处过度聚集导致的疏散流量的降低。本节中的模拟结果和 Kretz 的实验结果的区别可能是由改进模型的局限性导致的，如没有考虑行人间的相互作用或者其他现实实验中可能存在的影响疏散的要素。

2.3 本章小结

在第一节中，通过引入被影响区域和基于方向的行人密度，改进了层次域元胞自动机模型。从模拟结果分析，被影响区域半径和行人密度是确定疏散时间的两个要素，合理考虑被影响区域半径可以缩短疏散时间。且盲目、频繁地选择具有更小行人密度的移动方向可能会导致疏散时间的增加。

在第二节中，将出口处的动态信息和行人对于路径上的可能出现的拥堵的规避心理通过出口处的备用容量和各个元胞的方向可视域表出，嵌入原始的层次域元胞自动机模型中，用来模拟多出口建筑物内的行人疏散过程。当行人异质分布时，改进模型在刻画行人的出口选择行为方面具有很明显的优势。模拟结果显示，通过引入方向可视域，使得疏散时间相对其他模型显著地减小。同时，改进模型对于行人的初始分布方式（集中程度）以及不同的疏散房间都具有稳定性。

3　基于行人流预测的疏散模型

在第二章第二节中，通过引入方向可视域，在疏散过程中，行人可以更合理地选择目标元胞，进而使得各出口均可以被有效利用，提高了疏散效率。现实中，行人在选择最优移动位置时，不仅会预测前方行人流的演化趋势，还会考虑到其他方向的行人流的发展动态。例如，若排在某行人除前方以外的其他方向的行人较多时，该行人考虑到即使改变方向，也未必可以更快疏散，所以选择前方元胞的概率会相应增加。基于此，本章中，剩余方向可视域（Remainder Direction Visual Field）被引入，用来描述行人对除前方外的其他方向上的行人流演化趋势的预测。

3.1 模型描述

在上一章中，方向可视域 V_{ij}^{r} 用来刻画行人在可视范围内对行人流沿各个方向演化过程的预测，由基于方向的可视范围内的空元胞个数确定。可视范围指的是行人可辨识疏散信息的范围[196]。上一章中的可视范围被定义为以当前元胞为圆心、以可视半径为半径的圆。基于方向的可视范围为相应方向上的1/4 圆。图3－1 中的实心圆表

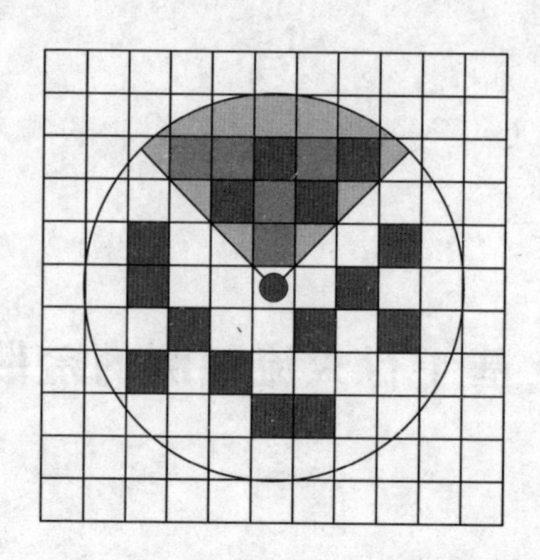

图3-1　方向可视域 V_{ij}^{AU} 和剩余方向可视域 RV_{ij}^{AU}

示元胞（i,j），它向上方向的可视范围是浅灰色的1/4圆，其中灰色元胞表示空元胞，所以基于向上方向的可视域是 $V_{ij}^{AU}=5$。实际上，基于其他方向的可视范围（剩余的3/4圆）内的被占用元胞个数也会影响到行人对目标元胞的选择。当基于其他方向的可视范围内的被占用元胞个数足够大时，行人会坚定选择移动到当前方向上的相邻元胞；反之，可能会改变方向。

基于4个可移动方向：U（向上），D（向下），L（向左）和 R（向右），元胞（i,j）的剩余方向可视域依次记为 $RV_{ij}^{\tau U}$，$RV_{ij}^{\tau D}$，$RV_{ij}^{\tau L}$ 和 $RV_{ij}^{\tau R}$。在图3-1中还可以看到元胞（i,j）的向上方向的剩余方向可视域 RV_{ij}^{U} 的计算方式，即为剩余的3/4圆中被占用的元胞的个数，该3/4圆中包含31个完整的元胞，深灰色元胞的个数是11个，因此 $RV_{ij}^{AU}=11$。类似地，$RV_{ij}^{\tau D}$，$RV_{ij}^{\tau L}$ 和 $RV_{ij}^{\tau R}$ 依次可以被定义。

在每个时间步中，占用元胞（i,j）的行人可以沿上、下、左、右4个方向选择一个没有被占用的元胞，其选择概率分别由下面的式(3-1)至式（3-4）给出：

$$P_{ij}^{U} = N_{ij}\exp\Big[k_S S_{i-1,j} + k_D D_{i-1,j} + k_V V_{i-1,j}^{rU} + k_{RV} RV_{i-1,j}^{rU} + \sum_{m \in U}\Big(k_C C_l^m + \frac{k_E}{E_{i-1,j}^m}\Big)\Big] (1 - \mu_{i-1,j})\xi_{i-1,j} \tag{3-1}$$

$$P_{ij}^{D} = N_{ij}\exp\Big[k_S S_{i+1,j} + k_D D_{i+1,j} + k_V V_{i+1,j}^{rD} + k_{RV} RV_{i+1,j}^{rD} + \sum_{m \in D}\Big(k_C C_l^m + \frac{k_E}{E_{i+1,j}^m}\Big)\Big] (1 - \mu_{i+1,j})\xi_{i+1,j} \tag{3-2}$$

$$P_{ij}^{L} = N_{ij}\exp\Big[k_S S_{i,j-1} + k_D D_{i,j-1} + k_V V_{i,j-1}^{rL} + k_{RV} RV_{i,j-1}^{rL} + \sum_{m \in L}\Big(k_C C_l^m + \frac{k_E}{E_{i,j-1}^m}\Big)\Big] (1 - \mu_{i,j-1})\xi_{i,j-1} \tag{3-3}$$

$$P_{ij}^{R} = N_{ij}\exp\Big[k_S S_{i,j+1} + k_D D_{i,j+1} + k_V V_{i,j+1}^{rR} + k_{RV} RV_{i,j+1}^{rR} + \sum_{m \in R}\Big(k_C C_l^m + \frac{k_E}{E_{i,j+1}^m}\Big)\Big] (1 - \mu_{i,j+1})\xi_{i,j+1} \tag{3-4}$$

在式（3 - 1）至式（3 - 4）中，k_{RV} 是用来标定剩余方向可视域的敏感参数。

3.2 数值模拟

3.2.1 疏散场景

疏散房间结构类似于图 2 - 7 中的场景，被离散为 80 × 80 个元胞，4 个出口分别位于四面墙的中间，每个出口的宽度均为 4 个元胞。800 个疏散行人随机分布在房间的特殊区域内，大小为 30 × 30 个元胞。区别于图 2 - 7 中的场景的是该特殊区域位于房间的左下角。

令参数 k_S，k_D，k_V，k_{RV}，k_C 和 k_E 依次取值 2. 0、1. 0、0. 5、0. 5、0. 1 和 2. 0。可视域范围半径 r 和出口有效区域半径 l 均取值 10 个元胞。对每组参数都进行 10 次模拟，并记录其平均值。

3.2.2 疏散时空分布图

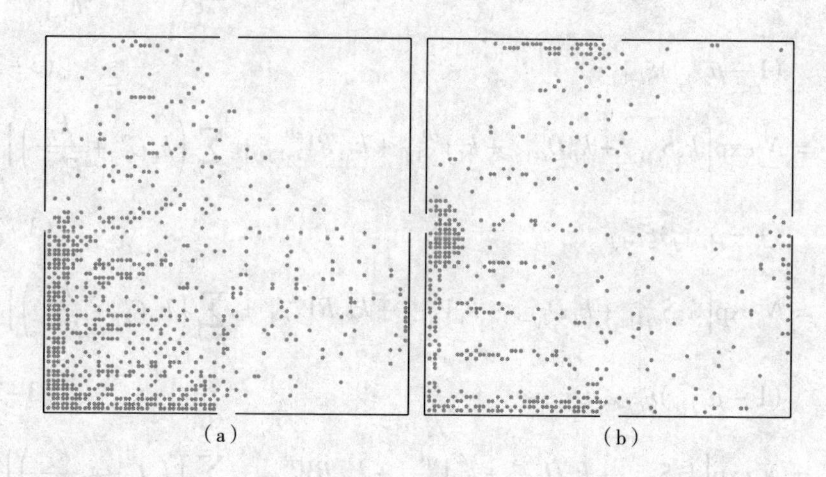

图3-2 改进模型产生的行人分布：(a) 第50时间步，(b) 第150时间步

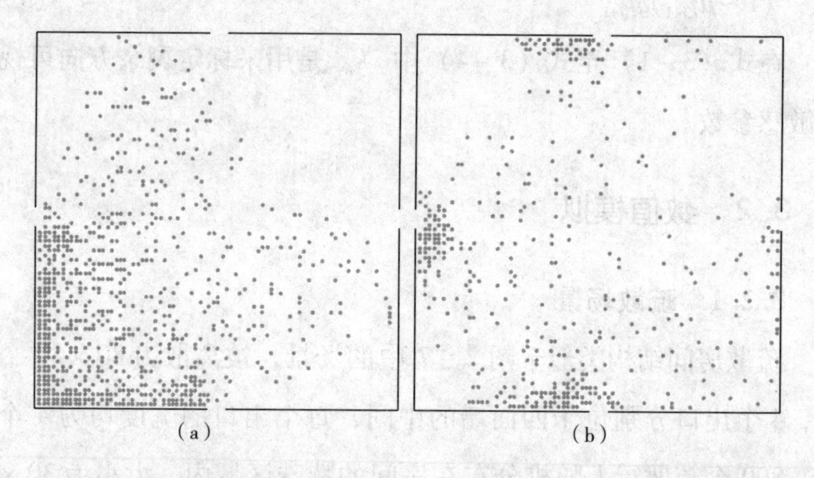

图3-3 方向可视域模型产生的行人分布：(a) 第50时间步，(b) 第150时间步

图3-2显示了疏散过程中第50个时间步和第150个时间步的行人分布散点图，图3-3是第二章第二节中的模型（称之为方向可视域模型）所产生的行人分布图。可以看出，在第50个时间步时，两图中行人向上和向右移动的趋势均很明显；在第150时间步，4个

出口处均形成不同程度的拥挤，在图 3－2（b）中出现了明显的行人簇（人群），而图 3－3（b）中的行人分布相对比较均匀。

3.2.3 疏散时间

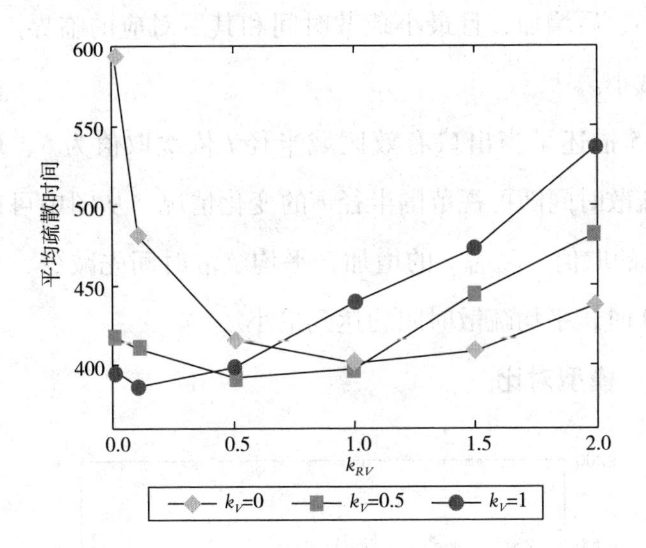

图 3－4 不同 k_V 值下平均疏散时间随 k_{RV} 的变化情况

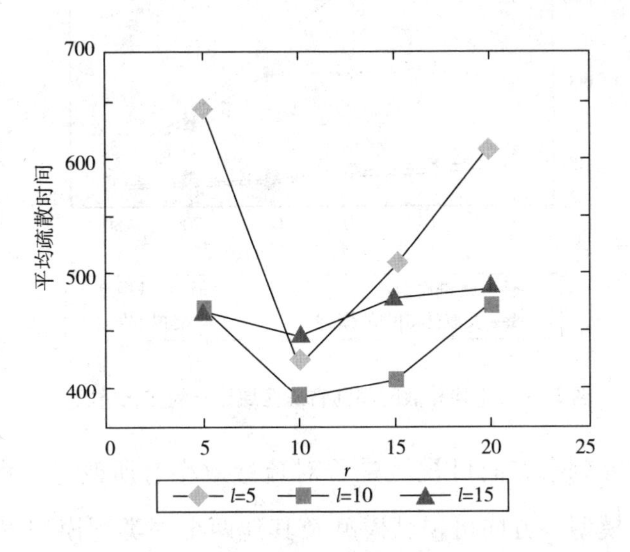

图 3－5 不同 l 值下平均疏散时间随 r 的变化情况

图 3－4 刻画了当参数 k_V 分别取值为 0、0.5 和 1 时，系统平均疏散时间随参数 k_{RV} 的变化情况。从图中可以看出，随着参数 k_{RV} 值的增加，平均疏散时间是非单调变化的，对每一个 k_V 值，疏散时间都是先减小、后增加，且最小疏散时间和其所对应的临界点均随 k_V 的增加而减小。

图 3－5 描述了当出口有效区域半径 l 依次取值为 5、10 和 15 时，平均疏散时间随可视范围半径 r 的变化情况。从图中可以看到，对不同的 l 的取值，随着 r 的增加，平均疏散时间先减少、后增加，且当 $r=10$ 时，平均疏散时间均达到最小。

3.2.4 模型对比

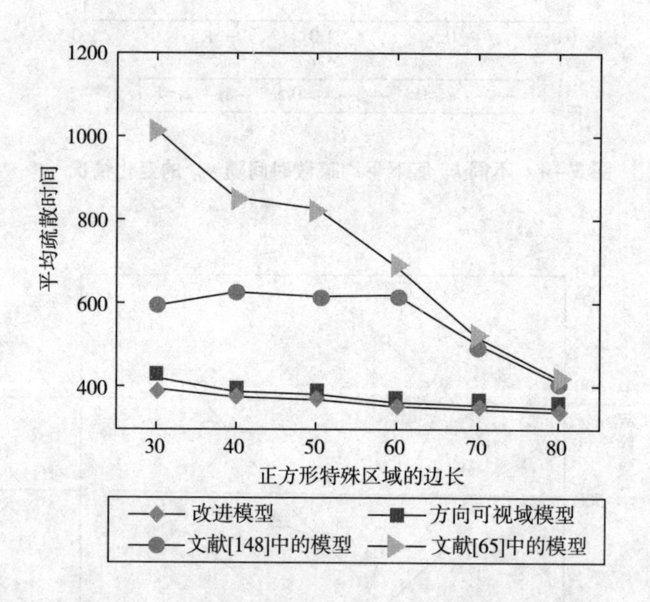

图 3－6 平均疏散时间随特殊区域边长的变化情况

为了探究剩余方向可视域是否对疏散效率有所改进，我们对比分析了改进模型、方向可视域模型及其他两个同类型模型[65,148]的模拟结果。在疏散过程中，不改变疏散房间的结构和行人的总数，改变初始时行人的分布方式（房间内的正方形特殊区域的边长发生变化）。图 3－6 给出了由 4 个模型模拟得到的平均疏散时间依赖于特殊区域边长的变化情况。通过观察得知，在相同的边长下，改进模型得到的平均疏散时间是最小的。在所研究范围内当特殊区域的边长较小时，效果尤为明显，进一步说明了剩余方向可视域的引入是有利于安全疏散的。但是对初始时刻行人随机分布在整个房间内的情形，4 个模型的模拟结果差别不大。

为了进一步验证改进模型的普遍性，疏散房间大小和结构发生了变化。设房间大小为 20×20 个元胞，含有一个位于某面墙中间的出口，初始时刻 300 个疏散行人随机分布在该房间内，出口宽度依次为 3 个、4 个、5 个和 6 个元胞。图 3－7 给出了改进模型、方向可视域模型以及文献［148］中的模型的模拟结果，可以看出，当出口宽度较小时，改进模型对比另外两种模型在疏散效率上有较大的提高。

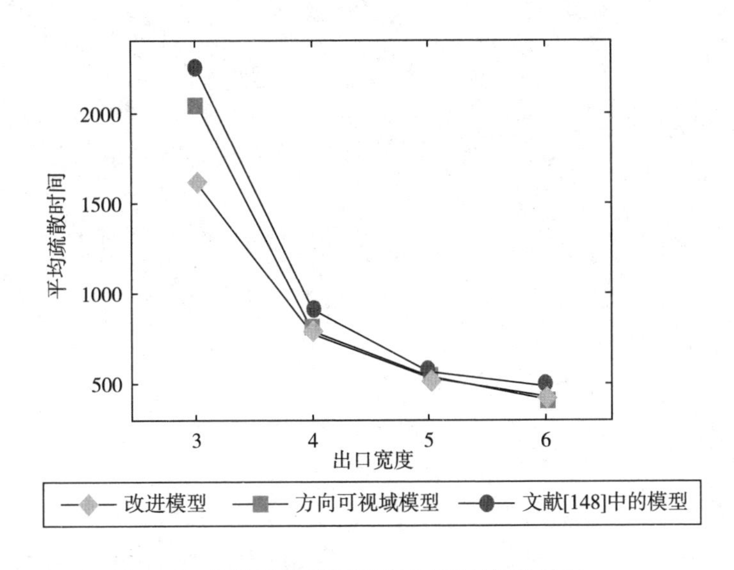

图 3－7　平均疏散时间随出口宽度的变化情况

3.3 本章小结

本章中，考虑到行人可以及时地根据四周的行人分布情况决定下一步的最佳移动位置，在方向可视域的基础上引入了剩余方向可视域，改进了方向可视域模型。模拟结果表明，改进的模型可以更好地模拟行人在疏散过程中的行为特征，在计算疏散时间有效性方面也得以验证。当初始时行人分布的局部密度较大时，效果尤为明显。对于更一般的单出口的疏散场景，改进模型也可以提高疏散效率。且当出口宽度较小时，改进效果很显著。

4　考虑行人对出口宽度感知能力的疏散模型

感觉是对客观现实个别特性的反映，由来自物质世界的一定刺激直接作用于有机体的某个感觉器官，刺激在感官内引起神经冲动，由感觉神经传导至大脑皮层的某个部位产生感觉。感觉是由感官、脑的相应部位和介于其间的神经三部分所连成的分析器统一活动的结果。无机界没有感觉，只有与感觉类似的特性，即单纯的物理或化学反映。随着生命出现，产生了生物反映模式，即刺激感应性。刺激感应性属于感觉的萌芽，正是在刺激感应性基础上发展起来的感觉。动物感觉能力在进化中随着分析器的具体化而发展，人类的感觉在复杂的生活条件下和变革现实活动中得到了高度发展。人与动物的感觉不同，动物的感觉只是自然发展的结果，人的感觉则包括社会发展的产物。感觉属于认识的感性阶段，是一切知识的源泉。它同知觉紧密结合，可为思维活动提供材料。

知觉是外界刺激作用于感官时，人脑对外界的整体的看法和理解，它为我们对外界的感觉信息进行组织和解释。在认知科学中，也可看作一组程序，包括获取感官信息、理解信息、筛选信息、组织信息。与感觉不同，知觉反映的是由对象的各样属性及关系构成的整体。现在的心理学认为知觉加工过程是自上而下的加工和自下而上的加工一起作用的结果。而吉布森提出了直接知觉的观点，认为环境对知觉起绝对的支配作用。

知觉与感觉通常是无法完全区分的，感觉是信息的初步加工，知觉是信息的深入加工。现在的趋势是把感觉和知觉放在一起论述，统称为感知觉。把信息加工过程分为感觉、组织、知觉与辨认 3 个阶段。通过观察和感知可以帮助我们主动识别周围的环境和活动，不仅能发现表面问题，更有助于我们深入发掘事物潜在的规律和特性，为下一步的分析、判断、推理和解决问题做出很好的铺垫。

感知能力是指对感知觉处理结果的认知水平。在现实的疏散过程中，行人每一步的移动位置的选择都需要结合自身的感知能力做出决定。因此，本章中通过考虑行人对出口宽度的感知能力，修正了层次域元胞自动机模型。

4.1 模型描述

在绪论中介绍到，静态层次域取值往往依赖于到最近出口的最短距离，其中距离可以是欧几里德距离，也可以是包含曼哈顿距离[69]在内的其他距离公式。它不随时间而变化，且不因其他个体的出现而受到影响，可以用来描述几何布局对人的行为的影响及空间区域的不同吸引力，如疏散过程中的紧急出口具有最高的吸引力，相应的静态层次域最大。基于静态层次域的表述内容，行人对出口的感知能力应该作为影响静态层次域的一种因素，但是这个部分却在以往的研究中被忽略。

考虑行人对出口宽度感知能力的改进静态层次域的计算方法由

式 (4 -1)给出：

$$S_{ij} = \min_{(i_m,j_m)}\left\{\alpha l_m + \max_{(i_h,j_h)}\left[\sqrt{(i_m - i_h)^2 + (j_m - j_h)^2}\right] - \sqrt{(i_m - i)^2 + (j_m - j)^2}\right\} \tag{4-1}$$

其中，l_m 是出口 m 的宽度，(i_h , j_h) 取遍所有的元胞，以使到出口元胞 (i_m , j_m) 的距离达到最大值，参数 α 是对于出口宽度的感知系数，用来标定行人对于出口宽度效用的感知能力。α 取值较大，说明行人较多地考虑了出口宽度效用。

当 $\alpha = 0$ 时，对于出口宽度的效用的感知能力没有被考虑，改进的静态层次域计算方法即为原始静态层次域[65]。

本章中，通过改进静态层次域，进一步修正了绪论中的层次域元胞自动机模型。

行人随机分布在含有 4 个出口的疏散房间内，每个出口分别位于每面墙的中间。对于不同的出口分布方式，$\{a, b, c, d\}$ 表示房间上面出口的宽度为 a 个元胞，沿逆时针方向，其他出口的宽度依次为 b 个，c 个和 d 个元胞。

4.2 出口宽度分布的不均衡性

设 L 是所有疏散出口的总宽度，l_m 是出口 m 的宽度，T 是出口的个数，A 是疏散房间的大小，且 a_m 是属于出口 m 的子区域的大小。则有

$$\sum_{m=1}^{T} \frac{a_m}{A} = 1, \sum_{m=1}^{T} \frac{l_m}{L} = 1$$

在文献 [141] 中，属于每个出口的子区域是由最短距离确定的，子区域的大小指的是分配给每个出口的元胞的个数。疏散房间依据不同

的出口被划分为多个不同的子区域。通过定义子区域，假设行人占用的元胞属于某个出口的子区域，则该行人会选择该出口离开房间。在图4-1中，疏散房间被离散为30×30个元胞，出口宽度分布方式为{2，1，1，4}，可以看到虽然该房间的各个出口宽度并不相同，但按照上面的子区域分配方式，该房间被由对角线平均划分为4个子区域。从直观上就可以察觉到这样的分配方式给出的疏散效率一定不是最优的。

图4-1　在被离散为30×30个元胞的房间内，出口宽度分布为{2，1，1，4}，由原分配方式得到的元胞的分配结果

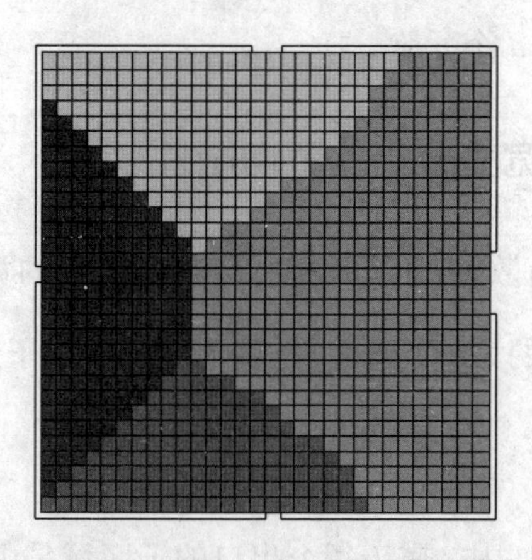

图4-2　在被离散为30×30个元胞的房间内，出口宽度分布为{2，1，1，4}，由$\alpha=3$时的新分配方式得到的元胞的分配结果

通过考虑行人对出口宽度效用的感知能力，我们给出了一种新的子区域分配方式。各出口的子区域是由到出口的最短距离和行人对出口宽度效用的感知能力的综合最小分配的。

图4－2刻画了相同房间内感知系数$\alpha=3$时由新分配方法得到的各个出口的子区域划分方式。从图中可以看到新的分配方法要比原始的更加合理。

在文献［141］中，出口分布的不均衡性是由不均衡系数度量的。不均衡系数ω由式（4－2）给出

$$\omega=\frac{\sum_{m=1}^{T}\left|\frac{a_m}{A}-\frac{l_m}{L}\right|}{2} \tag{4-2}$$

易知$0\leqslant\omega\leqslant1$，且当$\omega=0$时，出口的分布方式是均衡的；当$\omega>0$时，出口的分布方式是不均衡的。$\omega$值与出口分布方式的不均衡度之间是单调递增的关系。

4.3 数值模拟

为了进一步了解感知系数α在疏散过程中的作用，被离散为60×60的房间内的行人疏散问题被模拟，该房间含有4个出口，位于四面墙的中间。初始行人密度K表示初始时在系统内的行人总数。对于每组参数，被进行20次模拟，并记录了平均疏散时间。没有特别说明，设参数$k_S=3.0$，$k_D=0.5$。

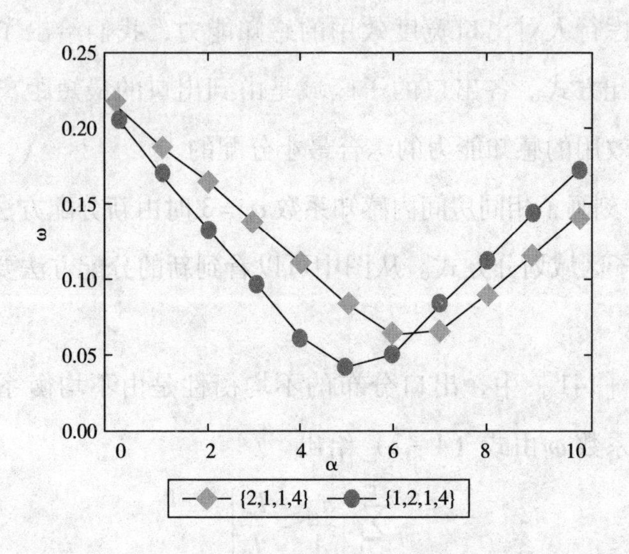

图 4-3　在被离散为 60×60 个元胞的房间内，在两种不同的出口宽度分布方式下，不均衡系数 ω 随着参数 α 的变化曲线

4.3.1　不均衡系数

对不同的出口宽度分布方式｛2，1，1，4｝和｛1，2，1，4｝，使用系数 ω 来分析由不同的感知系数 α 的取值对不均衡性的影响。图 4-3 显示随着 α 的增加，ω 先减小、后增加。但是可以看到，在 α 的研究范围内，当 $\alpha=0$ 时，即没有考虑出口宽度效用，相应的 ω 取值最大。因此，只要引入行人对出口效用的感知能力，对出口子区域的新分配方法就可以减小出口分布的不均衡。对这两种分布方式，依次当 $\alpha=6$ 和 $\alpha=5$ 时，出口分布最为均衡。

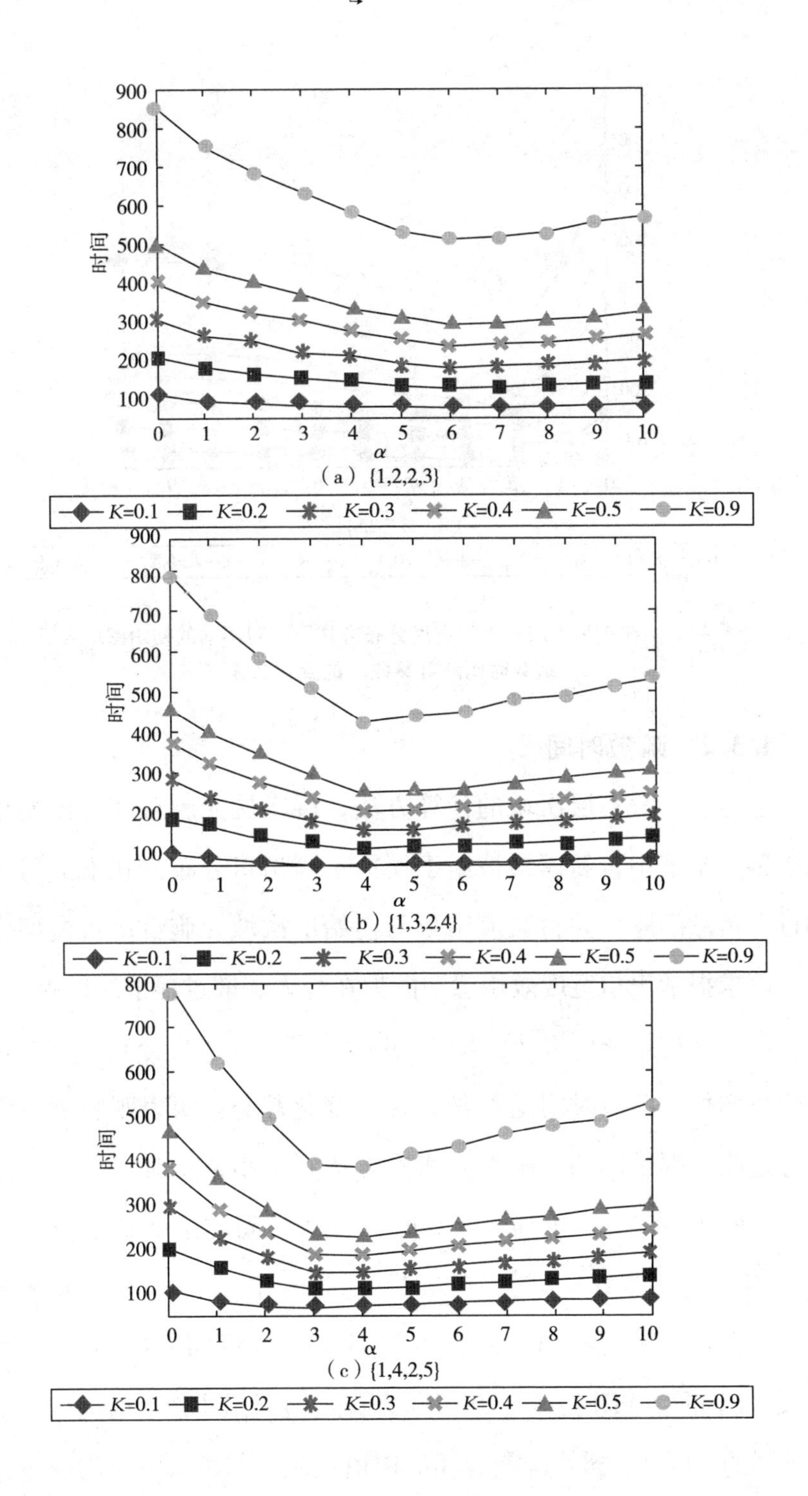

（a）{1,2,2,3}

（b）{1,3,2,4}

（c）{1,4,2,5}

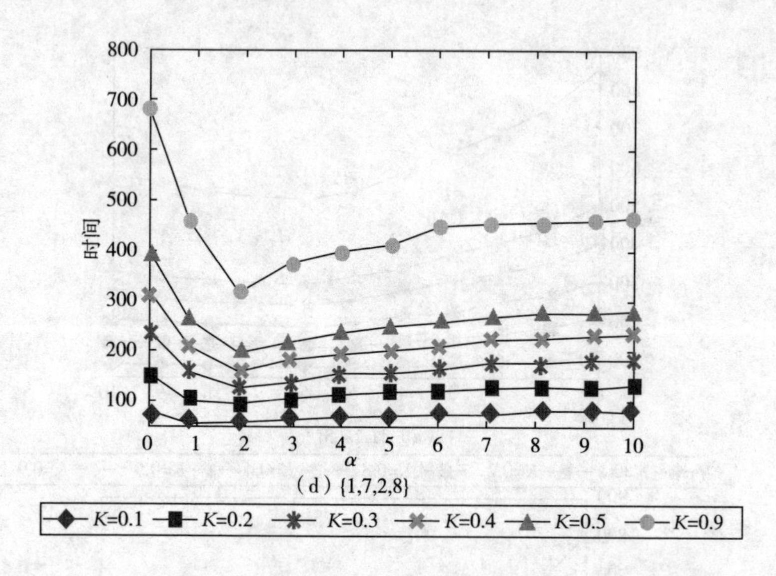

图4－4　在4种不同的出口宽度分布方式下，对不同的初始密度 K，疏散时间随着参数 α 的变化曲线

4.3.2　疏散时间

通过改进静态层次域的计算方法，层次域元胞自动机模型也得到改善。本节中，新模型被用于模拟不同出口分布方式下的房间内的行人疏散问题，并将数值结果与初始层次域元胞自动机模型作对比，以求揭示出口宽度效用感知能力在行人疏散过程中的作用。

在不同初始密度 K 下，图4－4给出了不同出口分布方式的房间内的平均行人疏散时间随着参数 α 的变化趋势。可以观察到，图中的每条曲线都是凹的，疏散时间均能达到最小值。对不同的初始密度，在图4－4（a）中当 $\alpha=6$ 时，疏散时间均达到最小值，即在图4－4（b）中当 $\alpha=4$ 时，在图4－4（d）中当 $\alpha=2$ 时。对于不同的分布方式，从图4－4（a）、图4－4（b）到图4－4（d），最小点 α^* 是减小的。在图4－4（c）中，不同密度的最小疏散时间的取值点是不同的。因此，最小疏散时间的取值点除了与出口宽度的分布方式相关外，可能还依赖于初始行人密度。

在图4－5中，出口宽度的分布方式为｛1，2，2，3｝，对于不同的感知系数α，平均疏散时间随着初始行人密度K的变化情况被给出。对于相同的参数α，疏散时间与初始行人密度之间呈单调变化关系。对比基于新模型（$\alpha \neq 0$）和原始模型（$\alpha = 0$）得到的疏散时间，可以看到，对于相同的初始密度，原始模型得到的疏散时间是最大的，当$\alpha = 6$时，新模型得到的疏散时间是最小的。这表明，疏散时间与出口宽度效用的感知能力有密切的关系。

图4－6至图4－8是对初始行人密度$K = 0.3$的模拟结果的呈现。

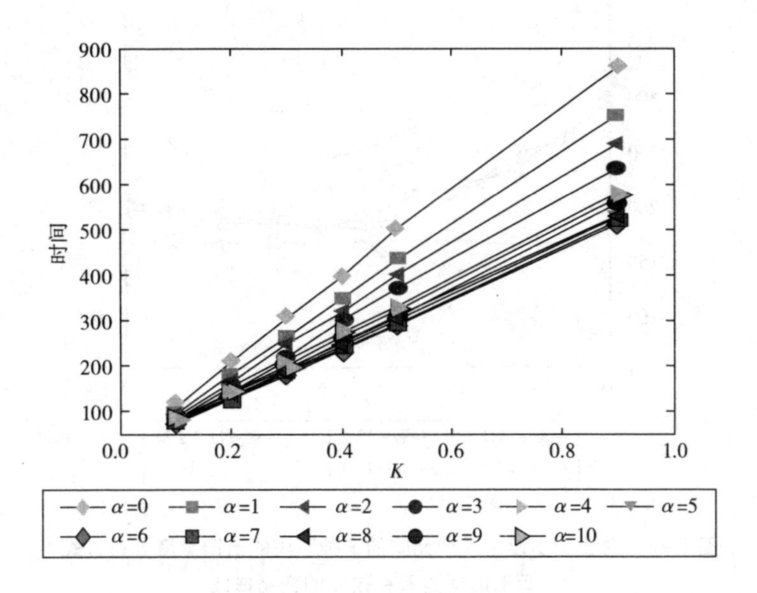

图4－5　出口宽度分布方式为｛1，2，2，3｝，对不同的参数α，疏散时间与初始密度K的变化关系曲线

对房间出口总宽度为8个元胞的不同出口宽度分布方式，疏散时间随着感知系数α的变化情况被分析。

首先，为了简单起见，将具有相同出口宽度的组合视为一类，每类中选出一组被研究。在这种情形下，共有五组出口宽度分布方式，依次为｛2，2，2，2｝、｛1，1，1，5｝、｛1，2，2，3｝、｛1，2，1，4｝和｛1，3，1，3｝。从图4-6中可以看到，对每组出口分布方式，随着参数α的增加，疏散时间均为先减小、后增加，且均可找到临界点α^*，使得在该点的疏散时间是最小的。分布方式｛2，2，2，2｝的不均衡系数为0，本身已经是均衡的，所以感知系数α在疏散过程中没有起到任何作用。且对于每个参数α，｛2，2，2，2｝的疏散时间是最小的。

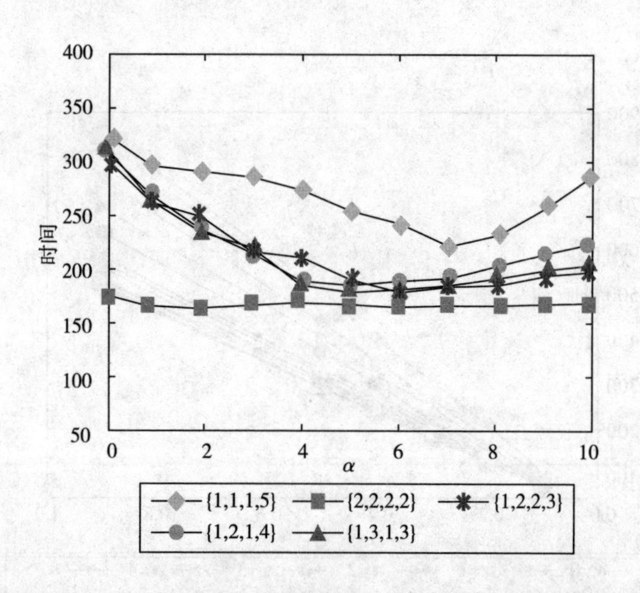

图4-6　总出口宽度为8个元胞的5种不同的出口宽度分布方式下，疏散时间随着参数α的变化曲线

其次，从具有相同出口宽度的组合中的任选两组，如｛1，2，1，4｝和｛2，1，1，4｝，分析这两种情形下的疏散时间随着参数α的变化曲线。从图4-7中可以看出，这两种情形的疏散时间对参数

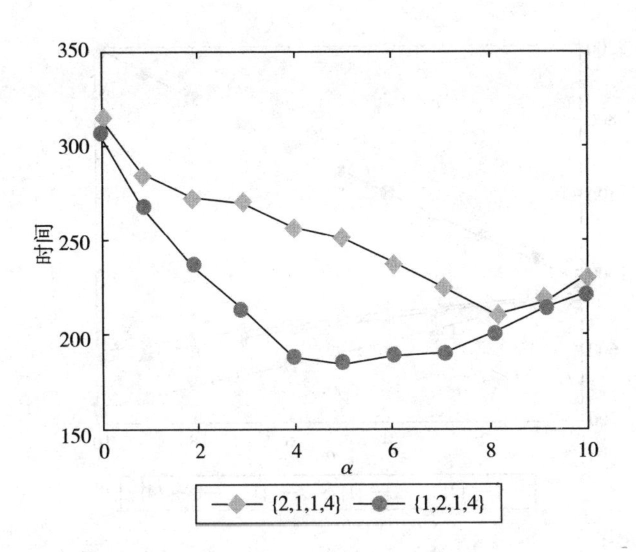

图 4 -7　对于两种不同的出口宽度分布方式，疏散时间随着参数 α 的变化曲线

α 的依赖程度也是不相同的。

综合考虑图 4 -7 和图 4 -3，对｛1，2，1，4｝，疏散时间的最小值与不均衡系数的最小值在相同的 α 处取得，而对｛2，1，1，4｝，两者是不同的。也就是说，对出口分布的不均衡系数的研究并不能完全替代疏散时间。

在图 4 -8 中，对分布方式｛2，1，1，4｝，属于每个出口的子区域的大小随着感知系数 α 的变化趋势被给出。从图中可以看到，随着 α 的增加，属于出口｛4｝（宽度最大的出口）的子区域的大小基本上是线性增加的，另外 3 个出口的子区域的大小是线性减少的。这是由于感知系数 α 越大，会越高估出口宽度的效用，出口宽度越大，选择该出口的行人越多。

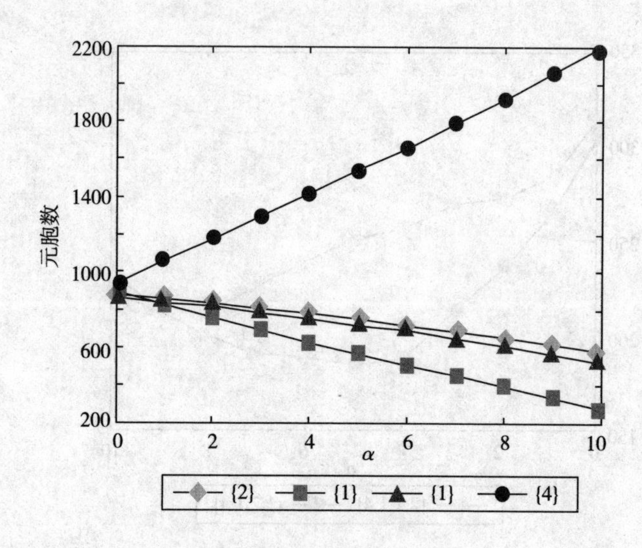

图 4-8　对于出口宽度分布方式 {2，1，1，4}，分配给每个出口的元胞数随着参数 α 的变化曲线

4.4　本章小结

在层次域元胞自动机模型中，通过引入行人对出口宽度效用的感知能力修正了原始静态层次域的计算方法。进一步结合到各出口的最短距离，由出口宽度分布方式导致的不均衡性得到了改进。模拟结果表明，一旦考虑感知系数 α，出口分布的不均衡性就会减小（不均衡系数为 0 的情形除外），且随着参数 α 的增加，不均衡系数 ω 先减小、后增加，也就是说，临界点 α^* 可以得到。通过分析模拟结果可知，疏散时间对于参数 α 是很敏感的，而且只要考虑 α，疏散时间就会减小。同时发现，即使对于出口总宽度相同的房间，出口宽度分布方式不同也会导致不同的疏散结果。且对相同的出口分布方式，最小疏散时间取值点与不对称系数的最小点不是完全一致的。

5　改进静态层次域和出口选择模型

在第 4 章中，通过考虑行人对出口宽度效用的感知能力，完善了疏散模型，改进了疏散时间。考虑到出口宽度在出口信息中是不随时间改变的，本章中，我们进一步分析行人对出口信息中的动态因素（出口处的行人分布情况）的感知能力对疏散的影响。

由于行人不能实时地知道其他行人的出口选择策略，一般情况下，为了避免多余能量的消耗，多数行人往往会坚持初始时选择的出口。在这种情形下，初始出口选择在整个疏散过程中是很关键的。

在文献［60］中，基于到各出口的最短距离的 Logit 离散选择原则被用于刻画行人初始时的出口选择行为，但是当行人在房间内异质分布时，该模型并不能很好地再现现实的疏散场景。

5.1　模型描述

5.1.1　改进静态层次域

设 S_{ij}^{m} 为元胞 (i,j) 相对于出口 m 的静态层次域，可由式（5 - 1）计算

$$S_{ij}^{m} = \max_{m}\left\{\max_{(k,h)} M_{kh}^{m}\right\} - M_{ij}^{m} \tag{5-1}$$

其中，$\max\limits_{(k,h)} M_{kh}^{m}$ 走遍所有元胞取得最大值，M_{ij}^{m} 是元胞 (i,j) 到出口 m 的距离，

$$M_{ij}^{m} = \min_{n} \sqrt{(i - i_{n}^{m})^{2} + (j - j_{n}^{m})^{2}}$$

这里（i_{n}^{m}，j_{n}^{m}）是出口 m 中第 n 个元胞的坐标。元胞 (i,j) 相对于出口 m 的改进静态层次域 MS_{ij}^{m} 定义为

$$MS_{ij}^{m} = \alpha l_{m} + \beta C_{r}^{m} + S_{ij}^{m} \tag{5-2}$$

其中，l_{m} 是出口 m 的宽度，C_{r}^{m} 表示出口 m 的备用容量（以出口 m 的中心为圆心、以 r 为半径的半圆内空元胞的个数）。参数 α 和 β 是两个感知系数，用来标定出口宽度效用和出口处行人的分布情况。参数 α 是对出口宽度效用的感知能力，α 取值越大，表示行人对用出口宽度效用的感知能力越大。参数 β 表示行人对于出口附近的拥挤程度的感知能力，β 值越大，表示行人对于出口处拥挤度越敏感。当 $\alpha = \beta = 0$，改进静态层次域即为原始静态层次域。

5.1.2 基于 Logit 离散选择原则

通常，行人在疏散过程中很难在短时间内做出最佳的出口选择策略。假设随机出口选择行为主要是由元胞的改进静态层次域的感知误差引起的。基于 Logit 离散选择原则被用于刻画行人的初始出口选择行为。该选择原则被嵌入微观模拟中。占用元胞 (i,j) 的行人选择出口 m 的概率为

$$Q_{ij}^{m} = \frac{\exp(\theta MS_{ij}^{m})}{\sum_{h}\exp(\theta MS_{ij}^{h})} \tag{5-3}$$

其中，θ（≥ 0）是一个与感知方差有关的参数，h 是出口的序号。较

大的 θ 值意味着较小的改进静态层次域感知方差。

5.1.3 模拟流程

模型的执行流程如下：

步1：对每个元胞 (i,j)，由式（5－1）计算其到任一出口 m 的静态层次域 S_{ij}^{m}，并由式（5－2）计算其到出口 m 的改进静态层次域 MS_{ij}^{m}。

步2：利用式（5－3），每个疏散行人选择一个出口。

步3：利用式（1－1），每个疏散行人选择一个移动方向，沿着该方向移动一个元胞或保持不动。

步4：如果房间内行人均被成功疏散，则停止；否则转向步3。

当两个或多个行人试图移动到同一目标元胞时，以相同概率随机选择其一移动，其余的保持不动。

5.2 数值模拟

5.2.1 疏散场景

房间被离散为50×50个元胞，4个出口（m=1，2，3，4）分别位于四面墙的中间，且 l_m=1，2，3，4个元胞，如图5－1所示。初始时，375个行人被随机分布在房间的特殊区域（虚线围住的正方形部分，大小为22×22个元胞）内，即总的行人密度是0.15。各出口的有效区域的半径 r 取10个元胞。对于每组参数，均进行了20次模拟，并作了记录。

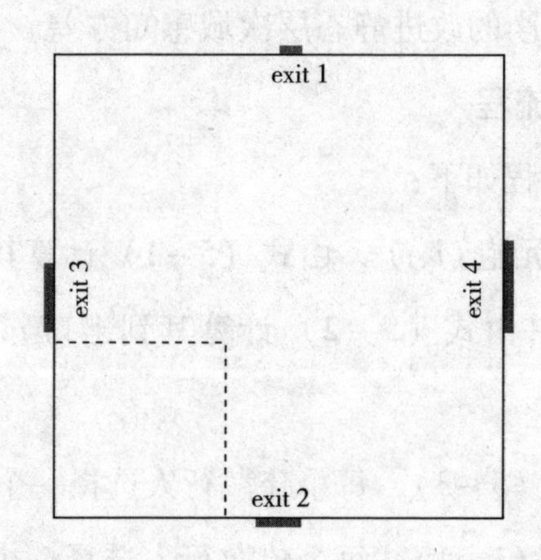

图 5-1　行人集中分布在含有 4 个出口的房间的特殊区域（虚线部分）内

5.2.2　疏散时间

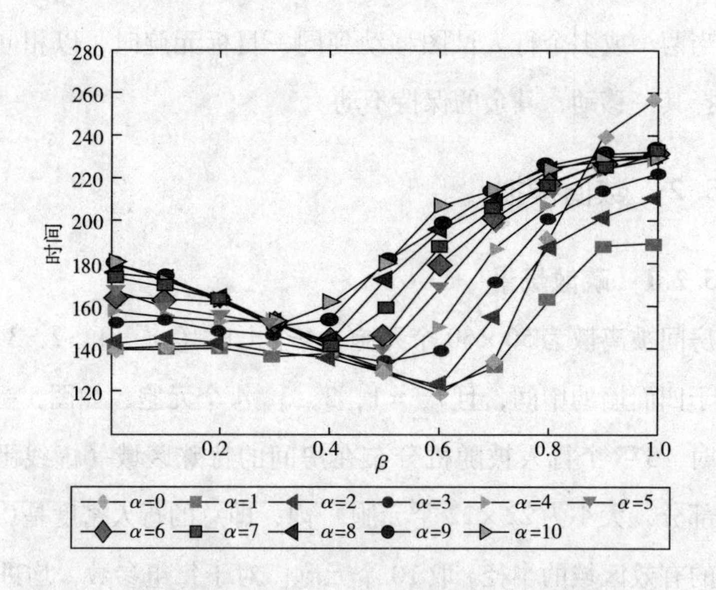

图 5-2　对不同的参数 α，疏散时间随着参数 β 的变化曲线

本节中，参数 θ，k_S 和 k_D 分别取值为 1.0、3.0 和 0.5。

图 5-2 显示出对于参数 α 的多数取值，随着参数 β 的增加，平均疏散时间均为先减小、后增加。这意味着在行人对出口宽度效用

具有相同感知能力的前提下，疏散时间随着行人对出口处拥挤度的感知能力呈现出非单调变化趋势。

在图5－3中，对每个感知系数 α，最小疏散时间的取值点 β^* 被给出。随着 α 取值的增加，β^* 是减小的，且最小疏散时间几乎是增加的。也就是说，行人对出口效用和出口处拥挤度的两种感知能力在某种程度上是“互补”的，可能与模拟的特殊场景有关，会作进一步研究。

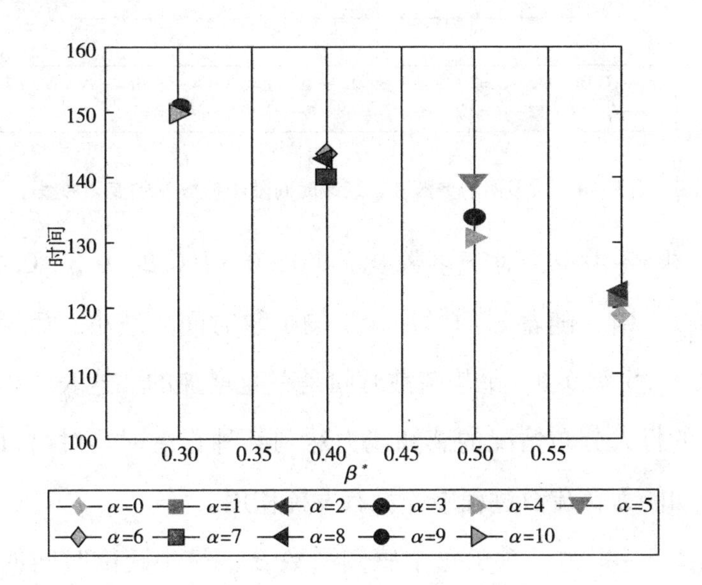

图5－3　对每个参数 α 的取值，最小疏散时间对应的参数 β 的值

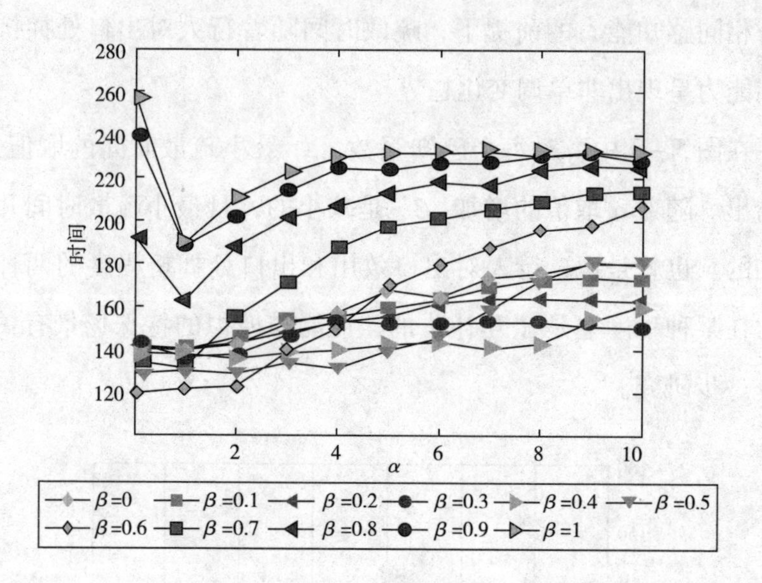

图 5-4　对不同的参数 β，疏散时间随着参数 α 的变化曲线

在图 5-4 中，对于参数 $\beta \in [0, 0.1, 0.2, 0.3, 0.4, 0.7, 0.8, 0.9, 1]$，随着 α 的增加，平均疏散时间先减小、后增加。但对于 $\beta=0.5$ 和 0.6，平均疏散时间是一直增加的。这表明当行人对出口处的行人分布情况的感知能力达到某种程度时，对出口宽度效用的感知能力在疏散过程中并没有发挥作用。

在图 5-5 中，对于每个感知系数 β，最小疏散时间的取值点 α^* 被给出。可以看到，对于多数的 β 取值，$\alpha^*=1$。也就是说，若行人在疏散过程中想尽快离开房间，在考虑对出口处行人拥挤程度的前提下，适当地考虑出口宽度的效用即可。

5.2.3　疏散时空图

本节中，参数 θ，k_S，k_D，α 和 β 分别取值为 1.0、3.0、0.5、1 和 0.6。

图 5-6 给出了用本章模型模拟得到的两个典型时间步的行人分

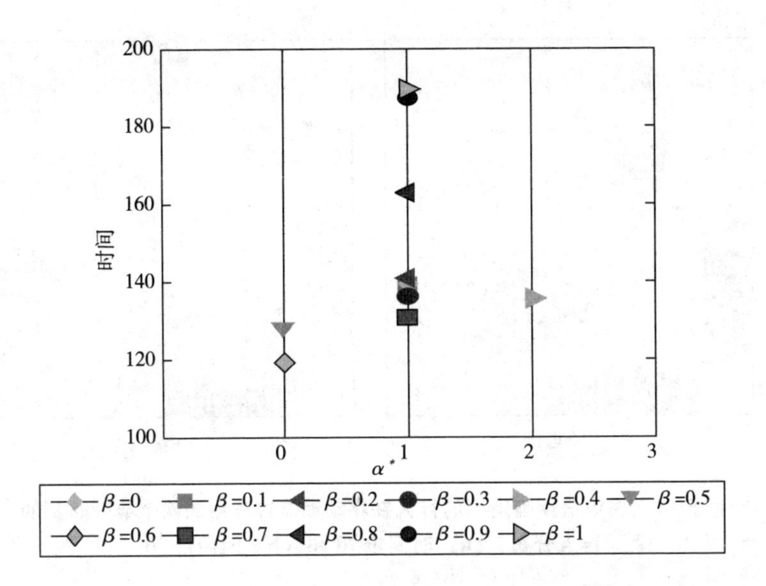

图 5-5　对每个参数 β 的取值，最小疏散时间对应的参数 α 的值

布图。图 5-6（a）和图 5-6（b）分别对应时间步 20 和时间步 50。在图 5-6（a）中，可以看到在左面和下面的出口处已经形成拥堵，部分行人选择了上面的右面出口，正在移动的过程中。在图 5-6（b）中，此时 4 个出口处都形成了拱形的拥堵人群。

在图 5-7 中，从由文献［60］中的模型模拟得到的时间步为 20 的行人分布图可以看到，没有行人选择上面和右面的出口，且在左面和下面出口处形成的拱形人群的轮廓明显要比图 5-6（a）中的大。

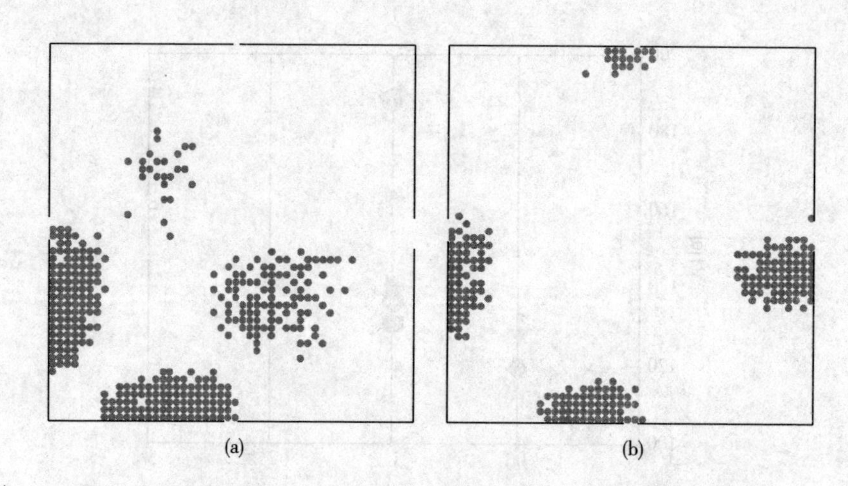

图 5-6　由改进模型得到的行人在移动动态过程中的两个典型时刻的行人分布：(a) 时间步 20 和 (b) 时间步 50

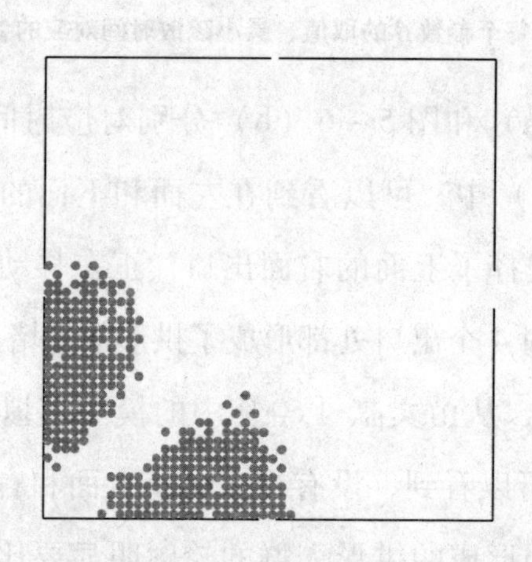

图 5-7　由文献［60］中模型得到的时间步 20 的行人分布

5.2.4　参数 θ 灵敏度分析

本节中，参数 α 和 β 分别取值 2 和 0.6。

对参数 k_S 和 k_D 的不同组取值，研究参数 θ 对于平均疏散时间的影响。图 5-8 和图 5-9 描述了对于不同的 k_S 和 k_D 的取值，平均疏散时间对着参数 θ 的变化曲线。可以看出，随着 θ 值的增加，平均疏散时间曲线呈非线性减小趋势。这是由于在使用基于 Logit 离散选择原则决定初始出口的公式中，较大的 θ 取值，表示行人对改进静态层次域中所包含的 3 种因素均较为熟悉，依次为出口处的静态和动态信息以及房间的结构，所以倾向于选择最佳的初始出口，从而平均疏散时间就会较小。

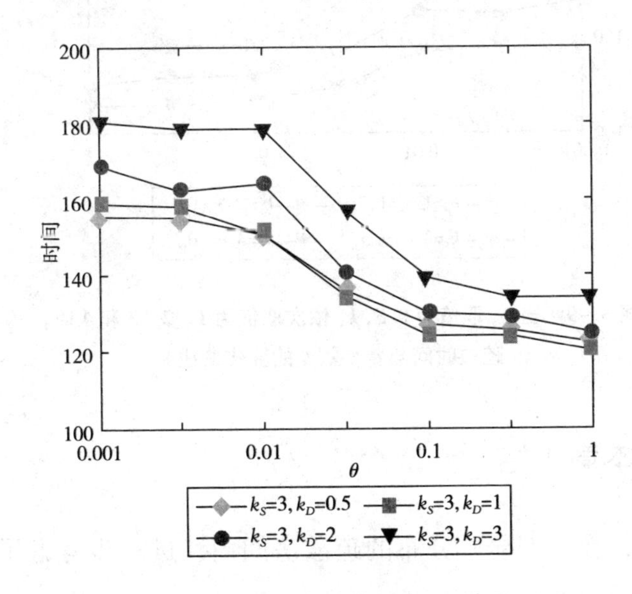

图 5-8 当 k_S 取值为 3，k_D 依次取值为 0.5、1、2 和 3 时，疏散时间随着参数 θ 的变化曲线

在图 5-8 中，$k_S=3$ 且 k_D 分别取 4 个不同的值。在 k_D 从 1 增加到 3 的过程中，可以看出，同样的 θ 值，疏散时间很明显地在增加。这进一步说明盲目地跟随他人会导致疏散时间的增加。但是，在 k_D 从 0.5 增加到 1 的过程中，疏散时间的变化很小。

在图 5-9 中，$k_D=0.5$ 且 k_S 从 1 取到 4。可以观察到，在 k_S 从 1 增加到 4 的过程中，对于相同的 θ 值，疏散时间在减小。这是由于 k_S 是用来标定行人对疏散房间结构的熟悉程度的。

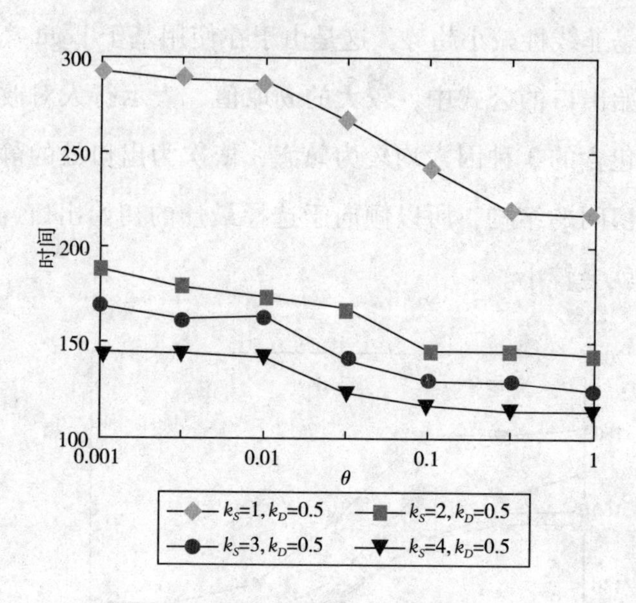

图 5-9 当 k_D 取值为 0.5，k_S 依次取值为 1、2、3 和 4 时，疏散时间随着参数 θ 的变化曲线

5.3 本章小结

本章中，在行人异质分布的疏散房间内，进一步考虑了行人对出口处的动态信息的感知能力，弥补了文献［60］中刻画此种情形下行人出口选择的不足。模拟结果显示，改进的模型可以更好地刻画行人异质分布时的出口选择行为，疏散时间对于 3 种感知系数和系统参数是敏感的，且合适地考虑 3 种感知系数均可以减少疏散时间。

6 行人疏散模型的帕累托最优评估

6.1 问题背景

近年来，出口附近的行人密度逐渐被作为影响行人进行出口选择决策的重要因素[79,139,148,151]。在第5章中，基于行人对出口附近拥挤程度的感知能力，利用Logit离散选择原则刻画了行人的初始出口选择策略，但在后面的疏散过程中，该要素并没有发挥作用。本章中，通过引入行人对出口宽度和出口附近行人分布的两种感知能力，修正了传统的层次域元胞自动机模型，使得出口处的信息影响整个疏散过程，也就是说，对原始模型做了动态修正。

在使用修正的层次域元胞自动机模型模拟行人疏散的过程中，我们发现这两种感知能力可能导致行人频繁地改变上一步选择的出口，增加了行人的能量消耗。事实上，如果疏散空间足够大，很有可能出现某些行人在疏散中的能量消耗超出个体的体能，不但不能成功疏散，反而会给其他行人造成困扰。因此，除疏散时间之外，能量消耗应该成为评估疏散模型的另一标准。本章中，两个标准将被同时研究，并使用帕累托最优分析方法找出其与两种感知参数之间的关系。

6.2 模型描述

6.2.1 出口附近的行人密度

出口附近的行人密度用来描述疏散过程中每个出口处的行人分布特征。出口 m 的行人密度 O_r^m 被定义为半径为 r 的半圆内被占用的元胞数。图 2-6 给出了一个计算行人密度 O_r^m 的例子[148]，出口宽度为 2 个元胞、半径 r 为 4 个元胞的半圆有效区域内含有 16 个完整的元胞。被占用的元胞由深灰色元胞表出，所以 $O_r^m=5$。

6.2.2 半动态层次域

将元胞 (i,j) 的半动态层次域 SD_{ij} 定义为

$$SD_{ij} = \max_{(k,h)}\left\{Z_{kh}\right\} - Z_{ij} \tag{6-1}$$

其中，(k,h) 表示任意元胞，Z_{ij} 定义为

$$Z_{ij} = \min_{m}\left\{M_{ij}^{m} + \alpha(L - l_m) + \beta O_r^m\right\} \tag{6-2}$$

M_{ij}^m 为元胞 (i,j) 到出口 m 的距离，定义为

$$M_{ij}^m = \min_{n}\sqrt{(i - i_n^m)^2 + (j - j_n^m)^2}$$

(i_n^m, j_n^m) 是出口 m 中的第 n 个元胞的坐标。l_m 为出口 m 的宽度，参数 α 是一个感知系数，反映了不同行人对于出口宽度在疏散中作用的认知能力。较大的 α 值意味着行人较多地考虑疏散过程中出口宽度的效用。参数 β 是另外一个感知系数，用来描述行人对于出口附近行人分布的敏感程度。β 值越大，表明疏散行人会更多地考虑出口处的行人密度。

6.2.3 转移概率

由当前元胞移动到相邻元胞 (i,j) 的转移概率 P_{ij} 的计算方法如下

$$P_{ij} = N\exp(k_{SD}SD_{ij})\exp(k_D D_{ij})(1-\mu_{ij})\xi_{ij} \tag{6-3}$$

其中，N 为标准化因子，使得 $\sum_{(i,j)} P_{ij} = 1$。k_{SD} 是用来依次标定 SD_{ij} 的敏感系数。k_{SD} 的取值可视为行人相对于每个出口对各元胞的吸引力的洞察力的测度。

6.2.4 单位能量消耗

总的能量消耗指的是疏散时间内所有行人的移动步数的总和。也就是说，开始疏散时总的能量消耗为0，在每个时间步，任何一个行人移动到相邻的元胞时，总的能量消耗加1，一直累加到最后一个行人疏散出去。单位能量消耗指的是每个行人的能量消耗，是总的能量消耗除以疏散行人总数的比值。单位能量消耗和疏散时间这两个评估疏散效率的性能指标通常不能等价，这是因为，如在拥堵的情形下，疏散时间在不断地增加，而单位能量消耗却很难改变；也有可能在疏散过程中，某些行人频繁地选择不同的出口，导致单位能量消耗增加，而疏散时间并没有减少。

6.2.5 帕累托最优

多目标最优化方法被广泛应用于设计不同的机械结构和动态系统。由于多重目标之间本质有冲突，只能得到折中解，这些解构成的集合称为帕累托最优。这个集合可以为决策者权衡可供选择的方案之间的关系提供依据[145]。

通过上面的分析得知，评估疏散机制的两个性能指标，即疏散时间和单位能量消耗，很难同时达到最优，所以我们用帕累托最优理论研究两个指标之间的关系，并给出当感知系数 α 和 β 发生变化时，两

个指标之间的关系变化趋势。

6.3 疏散模拟

疏散房间与特殊区域的位置和大小与第 5 章中的相同，如图 5－1所示。模拟初始时在特殊区域内随机分布了 400 个疏散行人。

采用的敏感系数 $k_{SD}=3$，$k_D=0.5$。出口处的半圆形有效区域半径 r 取值为 10 个元胞。每组参数下进行 20 次模拟，然后记录平均值。

6.3.1 出口疏散能力

为了研究在使用本章模型的模拟过程中各个出口在疏散中起到的作用，图6－1 和图6－2 给出了当参数 α 和 β 取不同的值时，由各个出口疏散出去的行人数。从图 6－1（a）至图 6－1（d）可以看出，对于每个固定的 α 值，随着 β 值的增加，由出口 2 和出口 3 疏散出去的行人数从一个较大的数值持续减少，这是由于特殊区域的位置与这两个出口较近。较大的 β 取值意味着行人对于出口处的行人密度更加敏感，一些行人会转而选择出口 1 和出口 4。

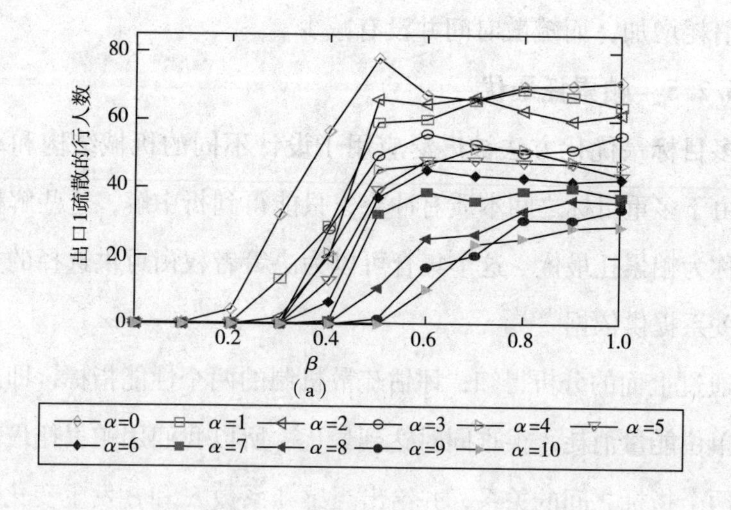

（a）

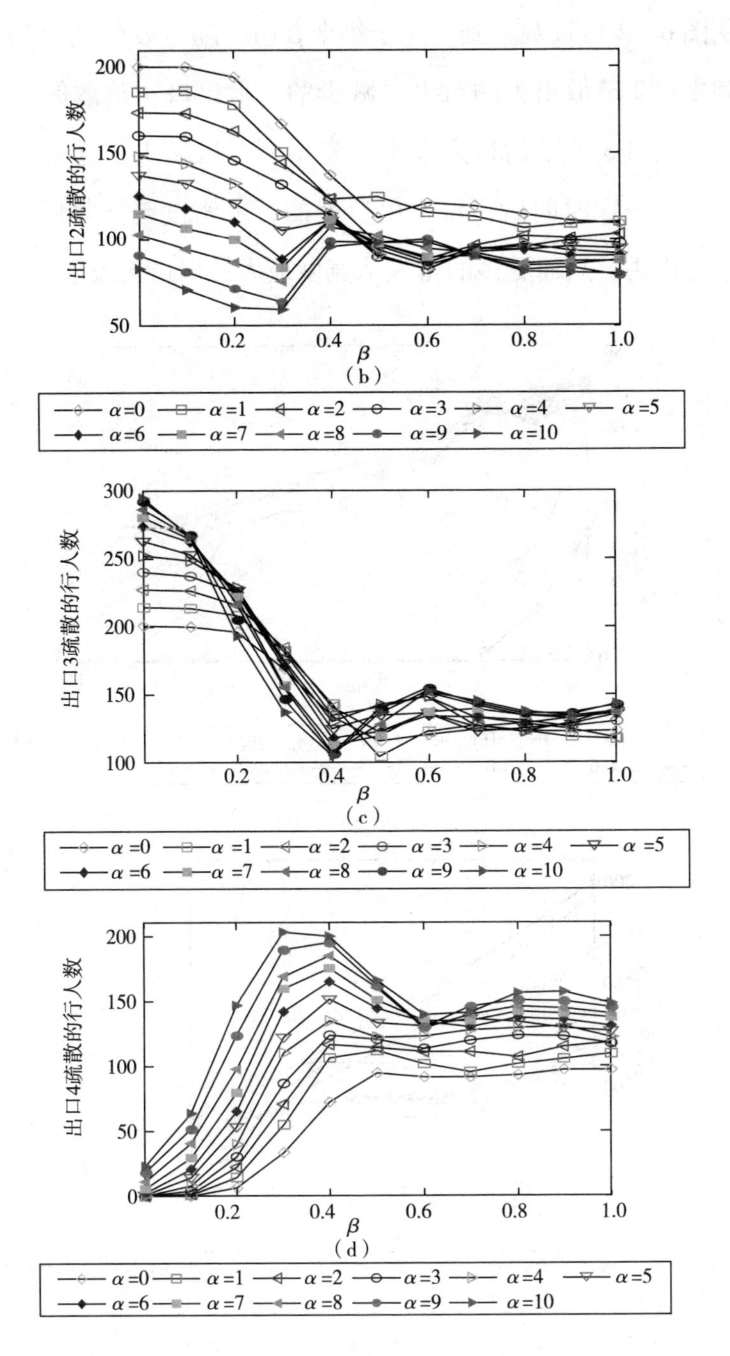

图 6－1　对参数 α 的不同取值，从出口 1、2、3 和 4 疏散出去的行人数随着参数 β 的变化曲线

从图 6-2 可以观察到，对于每个 β 值，随着 α 值的增加，由出口 1 和出口 2 疏散出去的行人是减少的，由出口 4 疏散的行人是增多的，由出口 3 疏散的行人基本是先增多、后减少。这是由于在疏散过程中，一定时间后，每个出口处的行人密度趋于等同，所以 α 会逐渐起作用。从而更多的行人从宽度最大的出口 4 疏散出去。

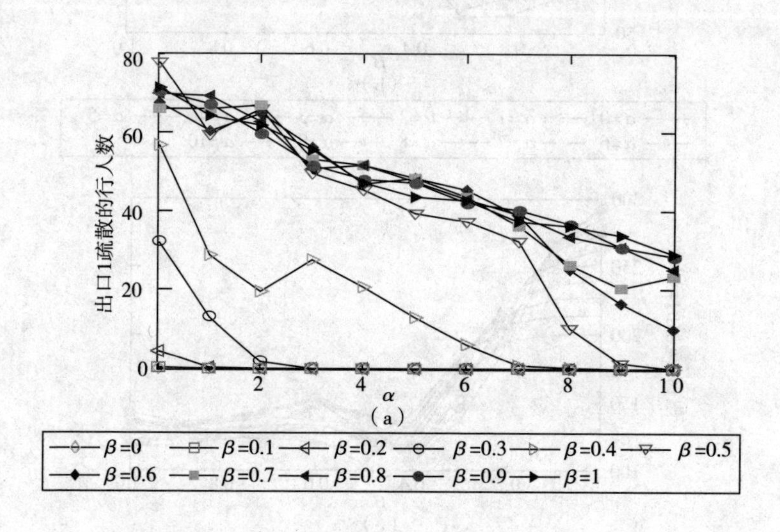

（a）

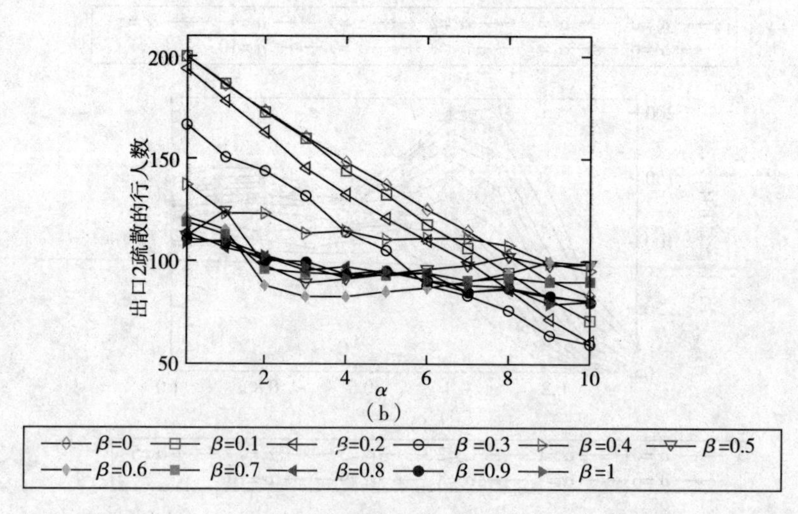

（b）

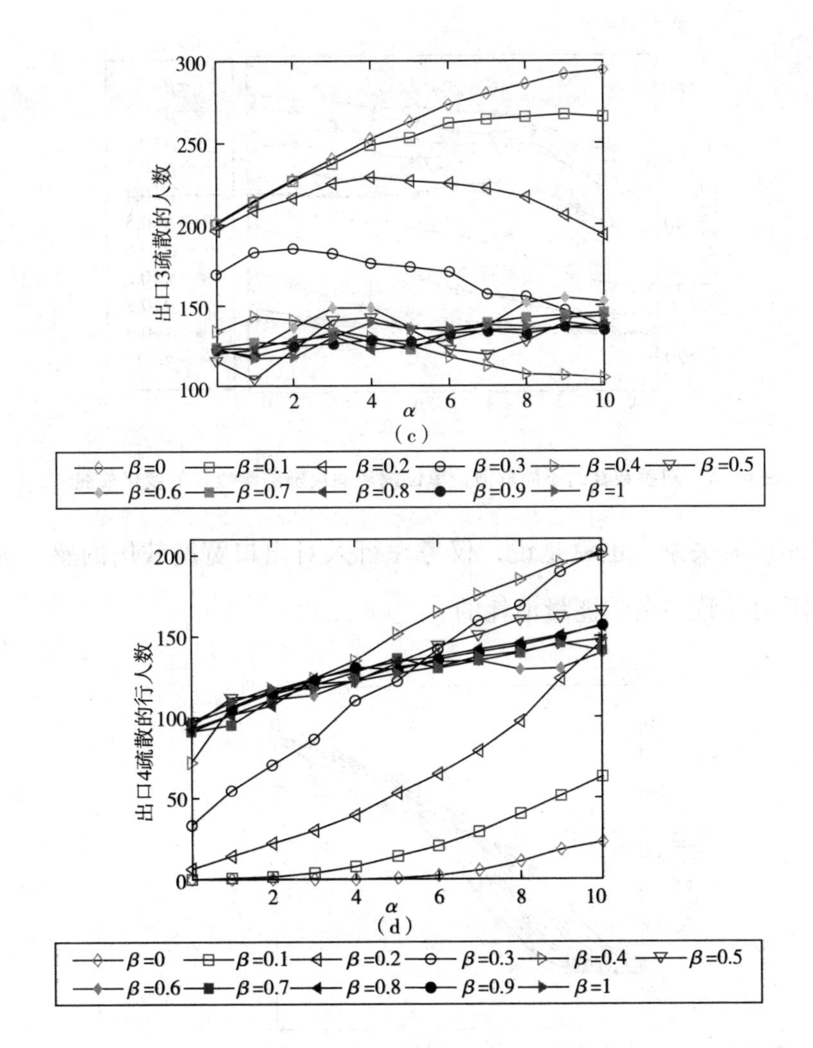

图6－2　对参数β的不同取值，从出口1、2、3和4疏散出去的行人数随着参数α的变化曲线

6.3.2　单位能量消耗

图6－3给出了参数β取不同值时疏散过程中单位能量消耗依赖于参数α的变化曲线。如图6－3所示，其中当$\beta=0.3$、0.4和0.5，曲线的变化趋势较为明显，而对于其他曲线，感知系数α对于单位能量消耗的影响并不大。当$\beta=0$时，可以看到单位能量消耗基本与

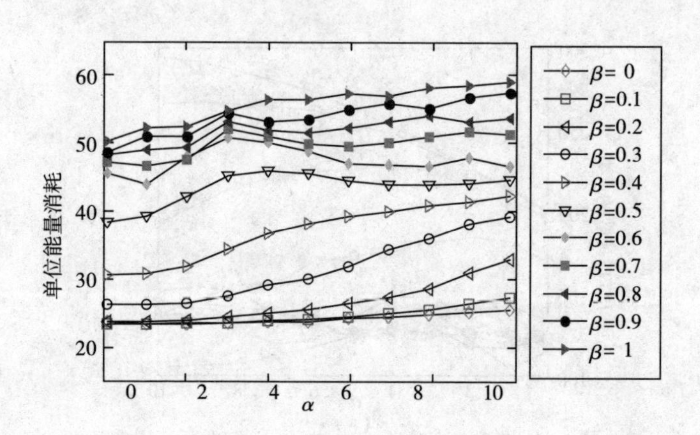

图 6－3　对参数 β 的不同取值，单位能量消耗随着参数 α 的变化曲线

参数 α 没有关系。也就是说，仅考虑行人对出口宽度效用的感知能力是不会导致多余的能量消耗的。

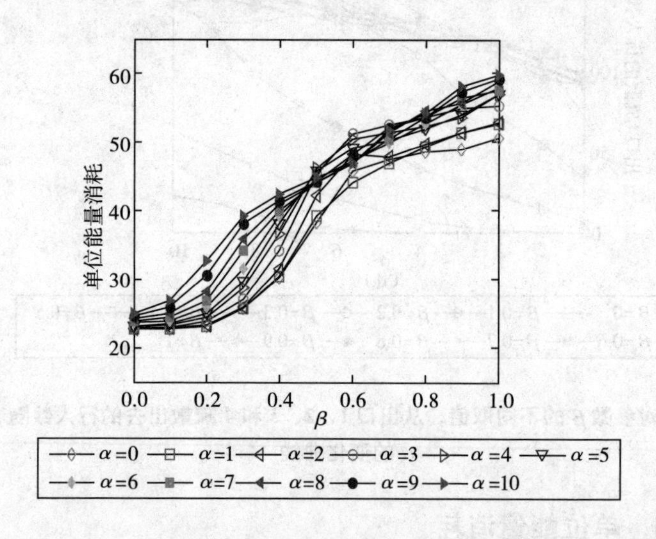

图 6－4　对参数 α 的不同取值，单位能量消耗随着参数 β 的变化曲线

图 6－4 给出了参数 α 取不同值时，疏散过程中单位能量消耗依赖于参数 β 的变化曲线。从图中可以看出，随着 β 值的增加，单位能量消耗是单调增加的。这验证了能量消耗与对待拥挤的态度成比

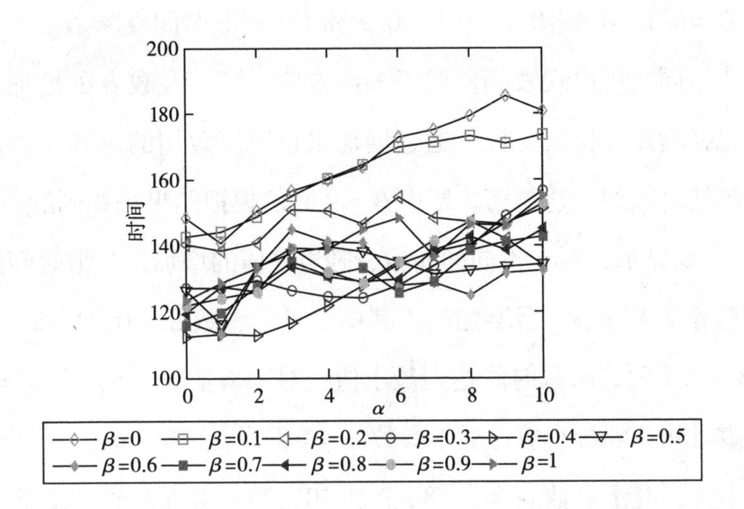

图 6-5　对参数 β 的不同取值，疏散时间（时间步）随着参数 α 的变化曲线

例关系。

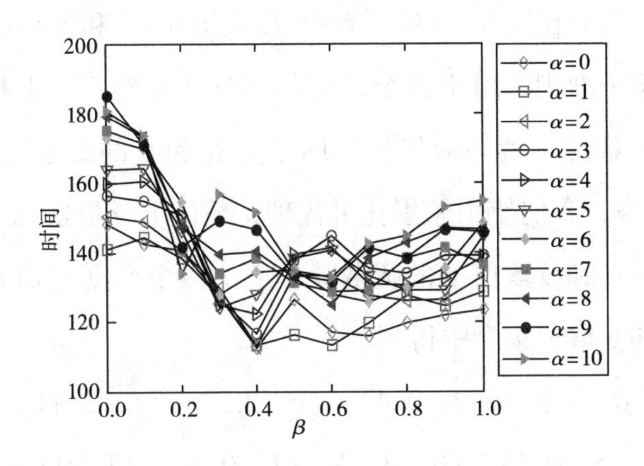

图 6-6　对参数 α 的不同取值，疏散时间（时间步）随着参数 β 的变化曲线

6.3.3　疏散时间

图 6-5 显示，对于参数 $\beta=0$、0.5 和 0.6，疏散时间在参数 $\alpha=1$ 时达到最小；对于参数 $\beta=0.2$，疏散时间在参数 $\alpha=10$ 时达到最小；对于参数 $\beta=0.3$，疏散时间在参数 $\alpha=5$ 时达到最小；而对

于参数$\beta=0.1$、0.4、0.7、0.8、0.9和1，疏散时间在参数$\alpha=1$时达到最小。同时可以观察到，对于多数β值，随着参数α的增加，疏散时间也在增加。也就是说，通过增加出口宽度效用的感知能力是可以减少疏散时间的。这与第5章中$\beta=0$时的模拟结果是相同的。

图6－6显示，对于不同的α值，随着β值的增加，疏散时间的总体变化趋势是先减小、后增加的。其中，对于参数$\alpha=0$、1、2、3和4，当$\beta=0.4$时，疏散时间达到最小值；对于参数$\alpha=5$，当$\beta=0.3$时，疏散时间达到最小值；对于参数$\alpha=6$，当$\beta=0.7$时，疏散时间达到最小值；对于参数$\alpha=7$、8、9和10，当$\beta=0.6$时，疏散时间达到最小值。

6.3.4　帕累托最优

通过分别对比图6－3和图6－5以及图6－4和图6－6，评估疏散效率的两个准则。由于两个准则的部分冲突性，对于相同的参数取值下，很难使两者的最优值在同一个α和β的参数组合下取到。在图6－7中，我们使用帕累托最优理论数值上分析这两个准则，进而评估不同α和β取值下的疏散效率。这两个准则的帕累托最优在如下的α和β取值集合中得到

$$(\alpha^*, \beta^*) \in \{(0, 0.4), (0, 0.3), (1, 0.3), (3, 0.3), (4, 0.3), (5, 0.3), (0, 0.2), (1, 0.2), (1, 0), (0, 0.1), (1, 0.1)\}$$

在图6－7中由小黑点标出。

6.4　本章小结

本章中，由于对原始层次域元胞自动机模型做了动态修正，导

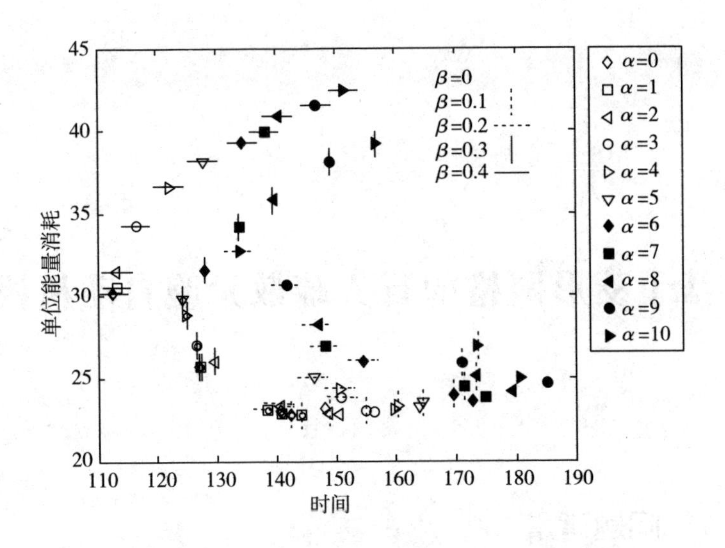

图 6－7　单位能量消耗和疏散时间之间的帕累托最优

致在疏散过程中可能出现行人的能量消耗超出个体体能的危险情形，所以在评估修正模型的疏散效率中引入了除疏散时间外的新指标：单位能量消耗。并使用修正模型模拟了行人异质分布时的疏散过程，模拟结果表明，每个出口的疏散能力与行人对这两种因素（出口宽度和出口处的行人分布）的感知能力密切相关，并从数值上得到了这两个评估标准的帕累托最优所对应的两种感知系数 α 和 β 的取值组合。

7 基于菱形网格的行人疏散元胞自动机模型

7.1 问题背景

目前，行人疏散研究大多将疏散空间划分成正方形元胞[10,31,65,115,]或正六边形元胞[33]，行人按照一定的转移概率向相邻元胞移动。使用正方形元胞或正六边形元胞划分时，会有一边与建筑物内的墙壁或障碍物重合，进而导致部分行人会紧贴墙壁或障碍物移动，这与现实情况不相吻合。为了解决这个问题，本章将疏散空间离散成正菱形元胞，基于此构建了改进的层次域元胞自动机模型，并将相同的疏散场景的数值结果与实验结果进行了对比。

7.2 模型描述

疏散空间被离散为大小相同的正菱形网格，如图 7－1 所示。每个网格为一个元胞，边长为 0.4m，每个元胞至多能容纳一个行人。元胞要么被行人或障碍物占据，要么为空。房间内部墙壁处有三角形的网格，设定行人不能进入该三角形网格中。对疏散过程的模拟是根据时间步实施的。在每个时间步，疏散行人或停止等待，或以

最大速度 V_{max} =1 元胞/时间步移动。行人有 9 个可选的位置作为自己的下一步目标位置，即行人可以选择原地等待或者向相邻的 8 个目标元胞移动，如图 7－2（a）所示。图 7－2（b）中，P_{ij} 是由中心元胞移动到元胞（i，j）的转移概率。

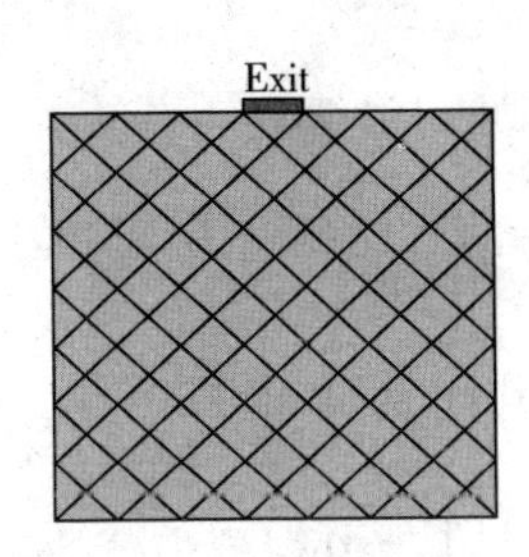

图 7－1　疏散空间划分

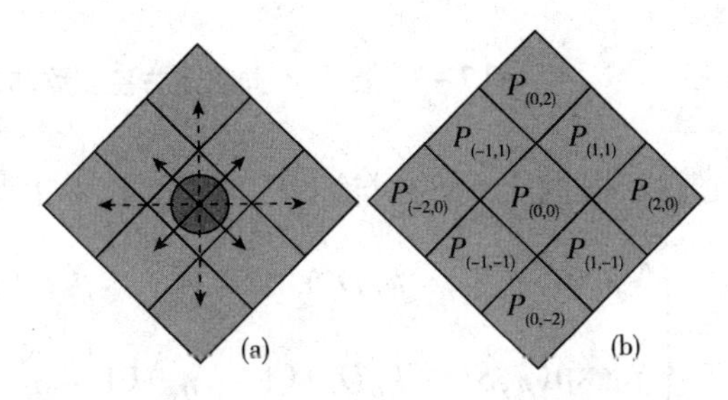

图 7－2　行人可移动领域（a）及其转移概率（b）

与中心元胞（0，0）相邻的 8 个元胞可以分为两类：一类是边相邻元胞｛（－1，1），（1，1），（－1，－1）和（1，－1）｝；另一类是点相邻元胞｛（0，2），（－2，0），（2，0）和（0，－2）｝。在每个时间步，边相邻元胞只要不被行人或障碍物占据，就可以被位于中心元胞上的行人选择为目标元胞；而对于点相邻的元胞，行人移动时不仅需要考虑其是否被占据，还要考虑移动的路线是否被阻挡。如图 7－3 所示，如果位于中心元胞上的行人 A 想要移动到正上方点相邻的元胞，即使元胞没有被占据，可能出现 4 种情形。前 3 种情形如图 7－3（a）、图 7－3（b）和图 7－3（c）所示，行人 A 的移动路线被左上方和右上方元胞内的至少一个行人阻挡，导致行人不能移动到正上方的目标元胞；只有图 7－3（d）的情形，行人才可以移动到目标元胞。

在每个时间步，行人依据到各个相邻元胞的转移概率 P_{ij} 确定目

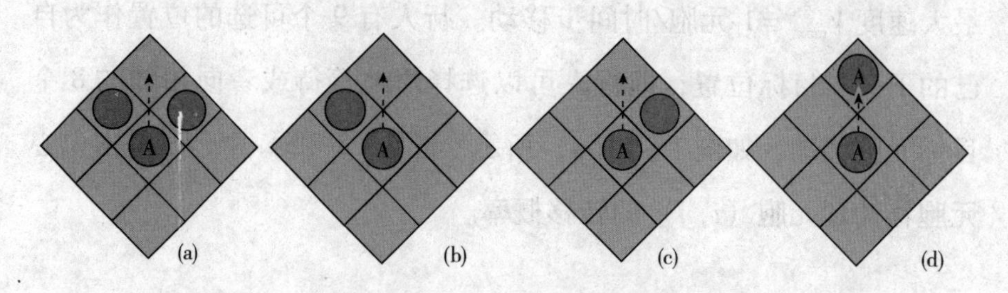

图 7-3 行人 A 向正上方空元胞移动的 4 种情况

标元胞。根据上面的讨论，P_{ij} 由式（7-1）给出：

$$P_{ij}=\begin{cases}N_{ij}\exp(k_S S_{ij}+k_D D_{ij})(1-\eta_{ij})\varepsilon_{ij}, & \text{若}(i,j)\text{为边相邻元胞}\\ N_{ij}\exp(k_S S_{ij}+k_D D_{ij})(1-\eta_{ij})(1-\eta_{i'j'})(1-\eta_{i''j''})\varepsilon_{ij}\varepsilon_{i'j'}\varepsilon_{i''j''}, & \text{若}(i,j)\text{为点相邻元胞}\end{cases} \tag{7-1}$$

其中，$i'+i''=i$，$j'+j''=j$；$i',j',i'',j''\in\{-1,1\}$。(i',j') 和 (i'',j'') 是中心元胞与点相邻元胞（i, j）之间的两个边相邻元胞。N_{ij} 是一个标准化因子，S_{ij} 和 D_{ij} 分别是元胞（i, j）的静态层次域和动态层次域。静态层次域 S_{ij} 依赖于元胞（i, j）到出口的距离，且不随时间变化。第（i, j）元胞的静态层次域 S_{ij} 在模型运行初始时给定

$$S_{ij}=\min_{(i_{T_s},j_{T_s})}\left\{\max_{(i_h,j_h)}\left\{\sqrt{(i_{T_s}-i_h)^2+(j_{T_s}-j_h)^2}\right\}-\sqrt{(i_{T_s}-i)^2+(j_{T_s}-j)^2}\right\}$$

其中，(i_h, j_h) 指房间内的元胞，(i_{T_s}, j_{T_s}) 是出口位置的元胞。转移概率公式中的动态层次域 D_{ij} 被定义为元胞（i, j）中玻色子的数量，玻色子是用来记录行人的虚拟轨迹的。初始时，每个元胞都不含有玻色子，当一个行人从元胞（i, j）移动到相邻元胞时，会在元胞（i, j）中留一个玻色子。在每个时间步，每个玻色子或者以概

率δ消失，或者以概率α转移到相邻的某个元胞。k_S和k_D是用来标定S_{ij}和D_{ij}的参数。η_{ij}表示相邻元胞（i, j）是否被行人占用，若被占用取值1，否则取值0。ε_{ij}表示相邻元胞（i, j）处是否存在障碍物，若存在取值0，否则取值1。

模型采用并行更新机制。在模拟过程中，当某个行人有多个目标元胞可以移动时，该行人在这些元胞中以相同的概率随机选择一个元胞；当某个空元胞被多个行人同时选择为目标元胞时，系统以相等的概率随机选择一个行人占用这个元胞，没有被选中的行人留在原位置上。

7.3 疏散模拟

将大小为6.23m × 6.23m的疏散房间紧密划分为198个正菱形元胞，某面墙的中间有一个出口，出口宽为0.57m（一个元胞的对角线长度）。初始时刻，疏散行人随机分布在房间内。疏散行人的密度ρ被定义为房间内行人数与总元胞数的比值。行人疏散时间被定义为房间内所有行人离开房间所需的总时间步。行人流率被定义为疏散总人数与行人疏散实际时间（行人疏散时间与每个时间步取值的乘积）的比值，可以用来描述出口的疏散能力。在模拟过程中，为减少初始状态对各项统计指标的影响，每项统计指标都是50次运行结果的平均值。时间步取值为0.3秒，也就是说，行人向边相邻元胞移动的速度为约1.33m/s，向点相邻元胞移动的速度为约1.89m/s。玻色子的消失概率δ和扩散概率α均取0.5。

如图7-4所示，随着k_S的增加，疏散时间减小。这是因为k_S取值较大时，行人可沿着到出口的最短路径移动，取值较小说明行

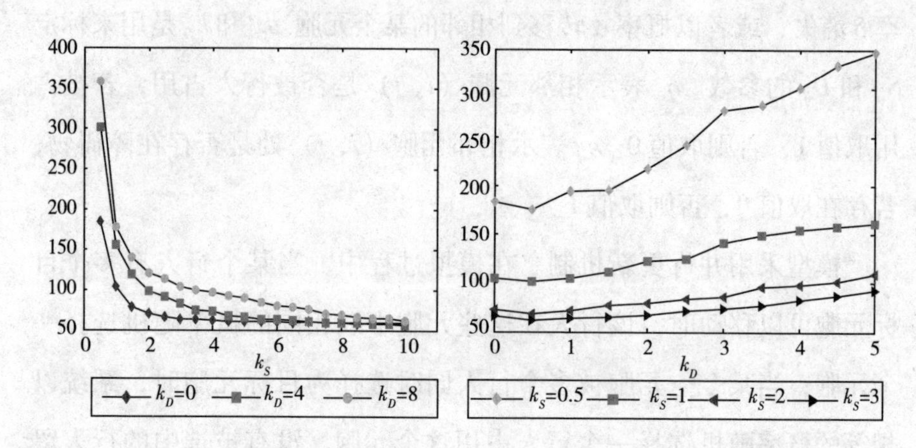

图 7-4　参数 k_S 与疏散时间的关系曲线　　**图 7-5　参数 k_D 与疏散时间的关系曲线**

人由于不熟悉出口位置，从而增加了疏散时间[65]。在现实的疏散过程中，也可能是由于房间昏暗或布满烟雾，不能使行人按最短路径到达出口。在图 7-5 中可以看到，随 k_D 值的增加，总疏散时间是上升的，较大的 k_D 值体现了人们行为上较强的聚集效应。[65]

图 7-6 给出了 3 种情形下的初始行人密度 ρ 与疏散时间的关系曲线。第 1 种情形是宽度为 0.57m 的出口位于 6.23m × 6.23m（198 个元胞）的正方形房间的某面墙壁中间位；第 2 种情形是出口位于 2.28m × 5.70m（76 个元胞）的矩形房间较长的一面墙壁中间位置；第 3 种情形是出口位于矩形房间较短的一面墙壁中间。3 种情形下的模型基本参数均为 $k_S=2$ 和 $k_D=1$。从图中可以看出，疏散时间随初始密度的增加几乎呈线性增长。由于第 2 种情形中的行人与出口距离的最大值小于第 3 种情形，这能让行人更快地到达出口，所以其第 2 种情形下的疏散时间小于第 3 种。

文献［110］中给出了疏散空间大小为 4.0m × 8.8m、出口宽度为 0.8m 的行人疏散过程中出口处实验快照，如图 7-7（c）所示。

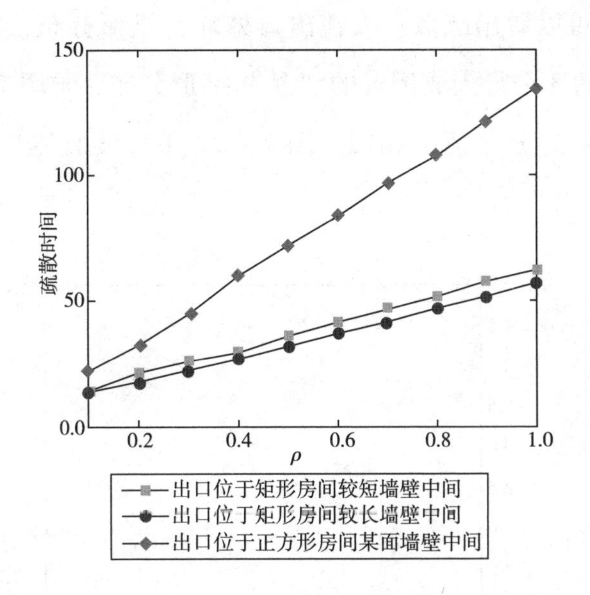

图 7－6　初始行人密度 ρ 与疏散时间的关系曲线

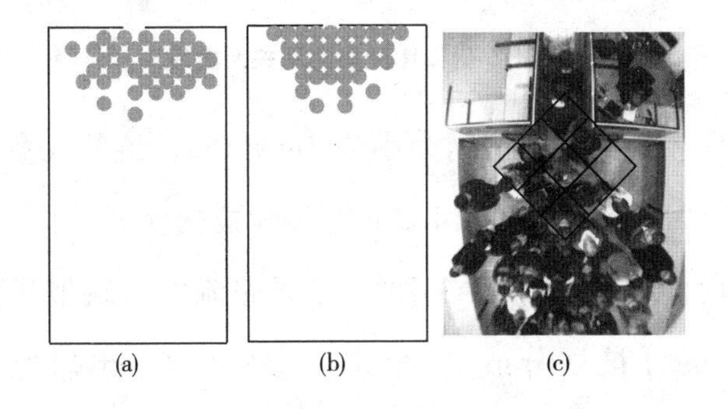

图 7－7　菱形元胞（a）和四方形元胞（b）的逃生状态以及文献［110］报道的实验快照（c）

图 7－7（a）给出了被划分为正菱形元胞（188 个元胞）的相同结构的疏散空间内时间步为 40 的行人位置分布散点图。为与之相比，模拟被划分为正方形元胞（10 × 22 元胞）的相同疏散空间，取相同参数值和疏散人数，由文献［65］中的模型得到的相同时间步的行人位置分布散点图，如图 7－7（b）所示。从图 7－7（a）和图 7－

7（b）中可以看出疏散行人在出口处均为拱形分布，图 7－7（a）中出口处的 3 个行人成倒着的“品”字形分布，与图 7－7（c）中出口处 3 人的分布情形相同，图 7－7（b）没有体现出这种分布方式。

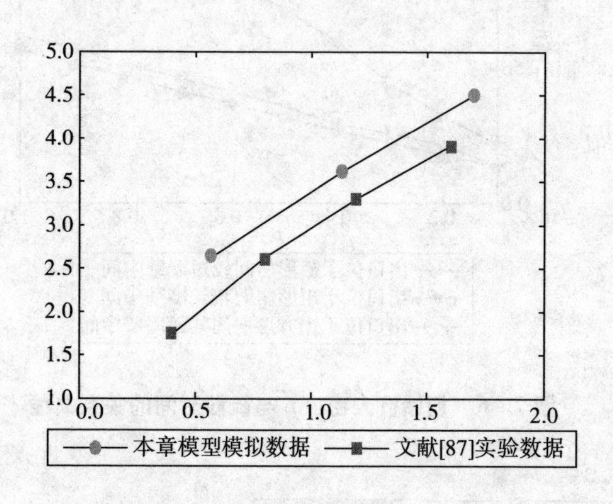

图 7－8　出口宽度与流率关系曲线

文献［87］中给出了房间大小为 2m × 6m，疏散人数为 60，出口宽度分别为 0.4m、0.8m 和 1.2m 的实验数据。为了验证本章模型的可行性，我们模拟了下面 3 种情形下的流率。疏散房间大小为 2.28m × 5.70m（被划分成 76 个正菱形元胞），出口宽度分别取 0.57m、1.14m 和 1.71m（分别为正菱形元胞对角线长度的 1、2、3 倍），疏散人数为 60，参数 $k_S = 1.0$ 和 $k_D = 0.5$。从图 7－8 中可见，本章模型模拟得到的流率随出口宽度的增加近似线性增加，曲线与文献［87］中的曲线几乎平行，表明本章模型在定性上是正确的。由于模型没有考虑行人之间、行人与墙壁之间的相互作用和其他随机因素，模拟结果与实验结果之间存在一定的偏差。

7.4 本章小结

本章中，基于将疏散空间划分为正菱形元胞，提出了层次域元胞自动机模型，考虑了每个时间步行人移动路线被阻挡的情况，改进了转移概率的计算方法，能更加真实地反映行人移动规律。在不考虑行人之间的摩擦、吸引和排斥等因素的前提下进行了计算机模拟，结果表明，模型符合行人的实际移动规律，疏散过程中出口处的行人分布与文献［110］中由实验快照得到的形状相符，在多组模型输入参数下的模拟结果接近实验报道结果，说明本章模型在定性上是正确的。

8 结论与展望

8.1 主要研究结论

本书主要研究建筑物内的行人疏散模型以及行人的行为特征。在研究行人微观特征的基础上，利用动态系统理论、数学规划和行为科学等相关知识，通过数学建模、数值模拟和分析、模型评估的方法，研究了多出口建筑物内行人随机和异质分布方式下在疏散过程中呈现的行为特征及其相关问题。本书的研究结论及创新点主要体现在以下几个方面：

（1）在实际的疏散过程中，行人选择最佳移动位置时会受到其周围的行人密度的影响。通过定义各个元胞的被影响区域，提出了一个改进的层次域模型，基于各个方向的被影响区域内的行人密度被纳入考虑范畴。利用改进模型模拟了一个典型场景中的行人疏散过程，结果表明，合理地控制被影响区域的大小可以缩短疏散时间。也就是说，要在合理的范围内考虑周围的行人密度。另外，方向可视域，可用来预测各个方向的行人流演化趋势，结合出口处的信息，进一步改进了层次域元胞自动机模型。利用该模型模拟了建筑物内行人异质分布的疏散场景，模拟结果显示，该模型可以使疏散行人理智地选择出口。通过与原始模型进行对比，该模型避免了出现某些出口闲置不被利用或仅被少量行人用来疏散的现象。通过与同类型模型相比较，该模型对于行人在不同集中程度的分布方式下，在疏散效率方面均有较大的提高，也能够再现由其他模型得到的行人疏散的基本特征，如出口处的拱形人群。此外，通过定义剩余方向可视域，结合方向可视域，给出了一个更为全面的模型。模型中，在每个时间步，行人都需要通过预测可视范围内的各个方向的行人流演化趋势来确定目标元胞。通过数值模拟，该模型可以准确地刻画行人在疏散过程中的出口选择行为。与同类型模型相比，该模型在疏散时间上也有一定的改进。

（2）在多出口建筑物内，研究了不同出口分布方式下的行人疏散问题。通过引入行人对出口宽度效用的感知能力，修正了元胞的静态层次域。重新制定了建筑物内元胞所属出口的分配方式，利用文献［141］中的出口分布不均衡性的分析方法得到新分配方式的不均衡系数小于原始的分配方式。模拟结果显示，只要考虑该感知能力，就可以减小疏散时间。且对于相同的行人密度，在元胞的新分配方式下，疏散时间和出口分布的不对称性之间没有必然联系。

（3）当行人在建筑物内异质分布时，以往的多数模型均存在不足，往往会出现出口不能被均衡利用的现象。因此，需要充分考虑出口的静态的和动态的信息。静态信息是指出口的位置和宽度，动态信息是指出口处的拥挤程度。通过引入行人对这两种信息的感知能力，修正了静态层次域。由于短时间内行人选择最佳出口存在不确定性，基于修正静态层次域的 Logit 离散选择原则被嵌入模型中，用来刻画行人在初始时的出口选择行为。该模型被用来模拟行人异质分布时的疏散过程，模拟结果表明，对比文献［60］中的模型，该模型可以更加合理地刻画初始时行人的出口选择行为。且该模型对各参数是敏感的。另外，通过在动态的疏散过程中的每个时间步都将出口的静态和动态的信息作为考虑的要素，提出了一个改进的层次域元胞自动机模型。在这种情形下，若疏散房间足够大，很有可能出现某些行人的能量消耗超出个体的体能，导致不但不能成功疏散还会给其他行人造成困扰。因此，除了疏散时间，将单位能量消耗作为评估疏散模型的另一标准。模拟结果表明，疏散时间和每个出口的疏散能力与这两种感知能力密切相关。若只考虑行人对出口宽度效用的感知能力，并不会引起多余的能量消耗。单位能量消耗与对待出口处形成的拥堵的态度近似成正比例关系。并从数值上得到了这两个标准的帕累托最优所对应的这两种感知系数的取值集合。

8.2 未来研究展望

与机动车相比，行人移动的行为特征更为复杂，且不易预测，行人可以根据自身周围的环境，轻易地改变行走路线或选择不动。本书仅对建筑物内的行人疏散模型及其行为特征的相关问题进行了研究，进一步可以做的工作还有很多，笔者认为本书的后续工作包含以下几个方面：

（1）由于不同行人的移动速度不同，为使模型模拟过程更贴近现实疏散过程，应考虑多种行人移动速度。行人移动位置的决策过程是时刻依赖于行人心理状态以及所处环境的，是一个复杂的过程。模型不可能囊括和考虑所有影响行人移动位置选择的因素，因此，可以进一步从不确定性角度建模分析行人流特性。

（2）行人交通科学作为一门应用基础科学，对其研究应该建立在对实际行人交通现象的真正了解和科学总结基础之上。因此，做好实测、获取大量实际行人交通数据是进行原创性行人交通科学研究的一个必要条件，也是验证所建立模型的可靠性和有效性所必须的。

（3）在现实行人交通中，不仅是行人与行人之间的相互作用，行人和自行车流、行人和机动车流的相互影响也是很常见的。而对于混合交通这方面的研究，现有的文献报道中并不多见，还有许多问题值得进一步探讨。

（4）在紧急状态下，行人通常会感到恐慌。恐慌是指人群中的个体情绪处于恐慌状态，有时会失去理性，从而做出一些在一般的情形下不会做出的行为。恐慌的行人之间的相互作用力往往会导致行人踩踏事件的发生，而这部分内容并没有在本书的模型中很好被反映，值得作进一步的研究。

参考文献

[1]Alizadeh, R. A Dynamic Cellular Automaton Model for Evacuation Process with Obstacles [J]. *Safety Science*, 2011, 49(2): 315 – 323.

[2]Antonini, G., Bierlaire, M., Weber, M. Discrete Choice Models of Pedestrian Walking Behavior [J]. *Transportation Research Part B*, 2006, 40(8): 667 – 687.

[3]Antonini, G., Bierlaire, M., Weber, M. Simulation of Pedestrian Behaviour Using A Discrete Choice Model Calibrated on Actual Motion Data [C]. Proceedings of the Swiss Transport Research Conference(STRC), 2004: 24 – 26.

[4]Ball, M., Bruck, D. The Wffect of Alcohol upon Response to Fire Alarms Signals in Sleeping Young Adults [A]. Proceedings of the 3rd International Symposium on Human Behaviour in Fire [C]. Belfast, Northern Ireland: London: Interscience Communications, 2004: 291 – 302.

[5]Blue, V. J., Adler, J. L. Cellular Automata Microsimulation for Modeling Bi – directional Pedestrian Walkways [J]. *Transportation Research Part B*, 2001, 35(3): 293 – 312.

[6]Bomarius, F. A Multi – agent Approach towards Modeling Urban Traffic Scenarios [R]. Deutches Forschungszentrum fur Kunstliche Intelli-

genze, 1992.

[7] Bousquet, F., Page, C. L. Multi – agent Simulations and Ecosystem Management: A Review [J]. *Ecological Modelling*, 2004, 176 (3 – 4): 313 – 332.

[8] Bruck, D., Reid, S., Kouzma, J., Ball, M. The Effectiveness of Voice Alarms in Waking Sleeping Children [A]. Proceedings of the 3rd International Symposium on Human Behaviour in Fire [C]. Belfast, Northern Ireland: London: Interscience Communications, 2004: 279 – 290.

[9] Bryan, J. L. Behavioral Response to Fire and Smoke [A]. SFPE Handbook of Fire Protection Engineering, 2002.

[10] Burstedde, C., Klauck, K., Schadschneider, A., Zittartz, J. Simulation of Pedestrian Dynamics using A Two – dimensional Cellular Automaton [J]. *Physica A: Statistical Mechanics and its Applications*, 2001, 295(3 – 4): 507 – 525.

[11] Castelfranchi, C. Modelling Social Action for AI Agents [J]. *Artificial Intelligence*, 1998, 103(1 – 2), 157 – 182.

[12] Cao, S., Song, W., Lv, W. Modeling Pedestrian Evacuation with Guiders Based on a Multi – grid Model [J]. *Physics Letters A*, 2016, 380 (4): 540 – 547.

[13] Chen, C. K., Li, J., Zhang, D. Study on Evacuation Behaviors at A T – shaped Intersection by A Force – driving Cellular Automata Model [J]. *Physica A: Statistical Mechanics and its Applications*, 2012, 391(7): 2408 – 2420.

[14] Cremer, M., Ludwig, J. A Fast Simulation Model for Traffic

Flow on The Basis of Boolean Operations [J]. *Mathematics and Computers in Simulation*, 1986, 28(4): 297 - 303.

[15] Colombo, R. M., Rosini, M. D. Pedestrian Flows and Non - classical shocks [J]. *Mathematical Methods in the Applied Sciences*, 2005, 28 (13): 1553 - 1567.

[16] Daamen, W., Hoogendoorn, S. P. Experimental Research of Pedestrian Walking Behavior [J]. *Transportation Research Record: Journal of the Transportation Research Board*, 2003, 1828(3): 20 - 30.

[17] Daamen, W., Bovy, P. H. L., Hoogendoorn, S. P., Van de Reijt, A. Passenger Route Choice Concerning Level Changes in Railway Stations [A]. Transportation Research Board Annual Meeting [C]. Washington DC: National Academy Press, 2005: 1 - 18.

[18] Daamen, W., Hoogendoorn, S. P. Level Difference Impacts in Passenger Route Choice Modeling [A]. TRAIL Conference Proceedings, A World of Transport, Infrastructure and Logistics [C]. Delft: DUP Science, 2004: 103 - 127.

[19] Dogbe, C. On The Modelling of Crowd Dynamics by Generalized Kinetic Models [J]. *Journal of Mathematical Analysis and Applications*, 2012, 387(2): 512 - 532.

[20] Ehlert, P. A. M., Rothkrantz, L. J. M. Microscopic Traffic Simulation with Reactive Driving Agents [A]. IEEE Intelligent Transportation Systems Proceedings [C]. Oakland: 2001: 861 - 866.

[21] Ezaki, T., Yanagisawa, D., Ohtsuka, K., Nishinari, K. Simulation of Space Acquisition Process of Pedestrians Using Proxemic Floor Field Model

[J]. *Physica A: Statistical Mechanics and its Applications*, 2012, 391(1-2): 291-299.

[22] Ezaki, T., Yanagisawa, D., Nishinari, K. Pedestrian Flow through Multiple Bottlenecks [J]. *Physical Review E.*, 2012, 86(2): 026118.

[23] Fang, W. F., Yang, L., Fan, W. C. Simulation of Bi-direction Pedestrian Movement using A Cellular Automata Model [J]. *Physica A: Statistical Mechanics and its Applications*, 2003, 321(3-4): 633-640.

[24] Fang, Z. M., Song, W. G., Zhang, J., Wu, H. Experiment and Modeling of Exit-selecting Behaviors during A Building Evacuation [J]. *Physica A: Statistical Mechanics and its Applications*, 2010, 389(4): 815-824.

[25] Feurtey, F. Simulating The Collision Avoidance Behavior of Pedestrians [D]. Tokyo: The University of Tokyo. 2000.

[26] Fruin, J. J. Pedestrian Planning and Design [A]. Metropolitan Association of Urban Designers and Environmental Planners [M]. New York: Inc, 1971.

[27] Fruin, J. J. Designing for Pedestrians: A Level of Service Concept [R]. Washington DC.: Transportation Research Board Business Office, 1971, 355: 1-15.

[28] Fukamachi, M., Nagatani, T. Sidle Effect on Pedestrian counter Flow [J]. *Physica A: Statistical Mechanics and its Applications*, 2007, 377(1): 269-278.

[29] Gardner, M. Mathematical Games: The Fantastic Combinations of

John Conway's New Solitaire Game of "Life"[J]. *Scientific American*,1970, 223: 120 - 123.

[30]Guo,R. Y. , Huang,H. J. A Mobile Lattice Gas Model for Simulating Pedestrian Evacuation [J]. *Physica A: Statistical Mechanics and its Applications*,2008, 387(2 - 3): 580 - 586.

[31]Guo,R. Y. , Huang,H. J. A Modified Floor Field Cellular Automata Model for Pedestrian Evacuation Simulation [J]. *Journal of Physics A: Mathematical and Theoretical*, 2008, 41(38): 385104.

[32]Guo,R. Y. , Huang,H. J. Logit - based Exit Choice Model of Evacuation in Rooms with Internal Obstacles and Multiple Exits [J]. *Chinese Physics B.* ,2010, 19(3): 030501.

[33]Guo,R. Y. , Huang,H. J. , Wong,S. C. Collection, Spillback, and Dissipation in Pedestrian Evacuation: A Network - based Method [J]. *Transportation Research Part B.* 2011, 45(3): 490 - 506.

[34]Guo,X. , Chen,J. , You,S. Modeling of Pedestrian Evacuation under Fire Emergency Based on An Extended Heterogeneous Lattice Gas Model [J]. *Physica A: Statistical Mechanics & Its Applications*,2013, 392(9): 1994 - 2006.

[35]Guo,R. Y. , Huang,H. J. , Wong,S. C. Route Choice in Pedestrian Evacuation under Conditions of Good and Zero Visibility: Experimental and Simulation Results [J]. *Transportation Research Part B.* 2012, 46(6): 669 - 686.

[36]Guo,R. Y. , Tang,T. Q. A Simulation Model for Pedestrian Flow Through Walkways With Corners [J]. *Simulation Modelling Practice*

and Theory, 2012, 21(1): 103 - 113.

[37] Gwynne, S., Galea, E. R., Owen, M., et al. A Review of The Methodologies Used in The Computer Simulation of Evacuation from The Built Environment [J]. *Building and Environment*, 1999, 34(6): 741 - 749.

[38] Hao, Q. Y., Hu, M. B., Cheng, X. Q., Song, W. G., Jiang, R., Wu, Q. S. Pedestrian Flow in A Lattice Gas Model with Parallel Update [J]. *Physical Review E*. 2010, 82(2): 026113.

[39] Hao, Q. Y., Jiang, R., Hu, M. B., Wu, Q. S. Mean - field Analysis for Parallel Asymmetric Exclusion Process with Anticipation Effect [J]. *Physical Review E*. ,2010, 82(2): 022103.

[40] Hao, Q. Y., Jiang, R., Hu, M. B., Jia, B., Wu, Q. S. Pedestrian Flow Dynamics in A Lattice Gas model Coupled with An Evolutionary Game [J]. *Physical Review E*, 2011, 84(3): 036107.

[41] Helbing, D. A Mathematical Model for The Behaviour of Pedestrians [J]. *Behavioral Science*,1991, 36 (4): 298 - 310.

[42] Hebing, D. A Fluid - Dynamic Model for the Movement of Pedestrians [J]. *Complex System*, 1992, 6: 391 - 415.

[43] Helbing, D. A Mathematical Model for The Behavior of Individuals in A Social Field [J]. *Journal of Mathematical Sociology*, 1994, 19 (3): 189 - 219.

[44] Helbing, D., Molnar, P. Social Force Model for Pedestrian Dynamics [J]. *Physical Review E*. , 1995, 51(5): 4282 - 4286.

[45] Helbing, D., Farkas, I., Vicsek, T. Freezing by Heating in A Driven Mesoscopic System [J]. *Physical Review Letters*, 2000, 84(6):

1240 – 1243.

[46] Helbing, D. , Farkas, I. J. , Vicsek, T. Simulating Dynamical Features of Escape Panic [J]. *Nature*, 2000, 407(6803): 487 – 490.

[47] Helbing, D. Traffic and Related Self – driven Many – particle Systems [J]. *Reviews of Modern Physics*, 2001, 73(4): 1067 – 1141.

[48] Helbing, D. , Farkas, I. J. , Molnar, P. , Vicsek, T. Simulation of Pedestrian Crowds in Normal and Evacuation Situations [A]. Pedestrian and Evacuation Dynamics [C]. Berlin: Springer, 2002.

[49] Helbing, D. , Isobe, M. , Nagatani, T. , Takimoto, K. Lattice Gas Simulation of Experimentally Studied Evacuation Dynamics [J]. *Physical Review E.*, 2003, 67(6): 067101.

[50] Helbing, D. , Buzna, L. , Johansson, A. Self – organized Pedestrian crowd Dynamics: Experiments, Simulations and Design Solutions [J]. *Transportation Science*, 2005, 39(1): 1 – 24.

[51] Helbing, D. , Johansson, A. , Mathiesen, J. , Jensen, M. H. , Hansen, A. Analytical Approach to Continuous and Intermittent Bottleneck Flows [J]. *Physical Review Letters*, 2006, 97(16): 168001.

[52] Hu, J. , You, L. , Wei, J. , et al. The Effects of Group and Position Vacancy on Pedestrian Evacuation Flow Model [J]. *Physics Letters A.*, 2014, 378(28 – 29):1913 – 1918.

[53] Henderson, L. F. The Statistics of Crowd Fluids [J]. *Nature*, 1971, 229(5284): 381 – 383.

[54] Henderson, L. F. , Lyons, D. J. Sexual Differences in Human Crowd Motion [J]. *Nature*, 1972, 240(5380): 353 – 355.

[55] Henderson, L. F. On The Fluid Mechanics of Human Crowd Motion [J]. *Transportation Research*, 1974, 8(6): 509 - 515.

[56] He, J., Yang, H. A Research on Audiences' Evacuation in Olympic Game Gyms [C]. Proceedings of the Eastern Asia Society for Transportation Studies, 2005, 5: 2494 - 2503.

[57] Hoecker, M., Berkhahn, V., Kneidl, A., Borrmann, A., Klein, W. Graph - based Approaches for Simulating Pedestrian Dynamics in Building Models [C]. The 8th European Conference on Product & Process Modeling, University College Cork, Ireland, 2010.

[58] Hoogendoorn, S. P., Bovy, P. H. L. Simulation of Pedestrian Flows by Optimal Control and Differential Games [J]. *Optimal Control Applications and Methods*, 2003, 24(3): 153 - 172.

[59] Hoogendoorn, S. P., Bovy, P. H. L. Pedestrian Route - choice and Activity Scheduling Theory and Models [J]. *Transportation Research Part B.*, 2004, 38(2): 169 - 190.

[60] Huang, H. J., Guo, R. Y. Static Floor Field and Exit Choice for Pedestrian Evacuation in Rooms with Internal Obstacles and Multiple Exits [J]. *Physical Review E.*, 2008, 78(2): 021131.

[61] Hughes, R. L. A Continuum Theory for The Flow of Pedestrians [J]. *Transportation Research Part B.*, 2002, 36(6): 507 - 535.

[62] Hughes, R. L. The Flow of Human Crowds [J]. *Annual Review of Fluid Mechanics*, 2003, 35(1): 169 - 182.

[63] Jiang, R., Helbing, D., Shukla, P. K., Wu, Q. S. Inefficient Emergent Oscillations in Intersecting Driven Many - particle Flows [J].

Physica A: *Statistical Mechanics and its Applications*, 2006, 368(2): 567 -574.

[64] Jiang, R., Wu, Q. S. Pedestrian Behaviors in A Lattice Gas Model with Large Maximum Velocity [J]. *Physica A*: *Statistical Mechanics and its Applications*, 2007, 373(1): 683 -693.

[65] Kirchner, A., Schadschneider, A. Simulation of Evacuation Processes Using a Bionics - inspired Cellular Automaton Model for Pedestrian Dynamics. Physica A: Statistical Mechanics and its Applications, 2002, 312(1 -2): 260 -276.

[66] Kirchner, A., Klupfel, H., Nishinari K., Schadschneider A., Schreckenberg M. Discretization Effects and The Influence of Walking Speed in Cellular Automata Models for Pedestrian Dynamics [J]. *Journal of Statistical Mechanics*: *Theory and Experiment*, 2004, P10011.

[67] Kirik, E. S., Yurgel'yan, T. B., Krouglov D. V. The Shortest Time and/or The Shortest Path Strategies in A CA FF Pedestrian Dynamics Model [J]. *Journal of Siberian Federal University Mathematics & Physics*, 2009, 2(3): 271 -278.

[68] Kretz, T., Grünebohm, A., Schreckenberg, M. Experimental Study of Pedestrian Flow through A Bottleneck [J]. *Journal of Statistical Mechanics*: *Theory and Experiment*, 2006, P10014.

[69] Kretz, T., Bonisch, C., Vortisch, P. Comparison of Various Methods for The Calculation of The Distance Potential Field [A]. Pedestrian and Evacuation Dynamics[C]. Berlin: Springer, 2008.

[70] Kretz, T. Pedestrian Traffic: On The Quickest Path [J]. *Jour-*

nal of Statistical Mechanics: Theory and Experiment, 2009, P03012.

[71] Kisko, T., Francis, R., Nobel, C. Evacuation User's Guide [R]. University of Florida, 1998.

[72] Kuang, H., Li, X. L., Wei, Y. F. Effect of Following Strength on Pedestrian Counter Flow [J]. *Chinese Physics B*, 2010, 19(7): 070517 – 10.

[73] Lachapelle, A., Wolfram, M. T. On A Mean Field Game Approach Modeling Congestion and Aversion in Pedestrian Crowds [J]. *Transportation Research Part B.*, 2011, 45(10): 1572 – 1589.

[74] Lakoba, T. I., Kaup, D. J., Finkelstein, N. M. Modifications of The Helbing – Molnar – Farkas – Vicsek Social Force Model for Pedestrian Evolution [J]. *Simulation*, 2005, 81(5): 339 – 352.

[75] Lam, W. H. K., Cheung, C. Y. Pedestrian Speed/Flow Relationships for Walking Facilities in Hong Kong [J]. *Journal of Transportation Engineering*, 2000, 126(4): 343 – 349.

[76] Langston, P. A., Masling, R., Asmar, B. N. Crowd Dynamics Discrete Element Multi – circle Model [J]. *Safety Science*, 2006, 44(5): 395 – 417.

[77] Lei, W. J., Li, A. G., Gao, R., Zhou, N., Mei, S., Tian, Z. G. Experimental Study and Numerical Simulation of Evacuation from A Dormitory [J]. *Physica A: Statistical Mechanics and its Applications*, 2012, 391(21): 5189 – 5196.

[78] Li, D., Han, B. Behavioral Effect on Pedestrian Evacuation Simulation using Cellular Automata [J]. *Safety Science*, 2015, 80:

41 -55.

[79]Liu,S. B. , Yang,L. Z. , Fang,T. Y. , Li,J. Evacuation from A Classroom Considering The Occupant Density Around Exits [J]. *Physica A: Statistical Mechanics and its Applications*, 2009,388(9): 1921 -1928.

[80]Ma,P. J. , Wang,B. H. The Escape of Pedestrians with View Radius [J]. *Physica A: Statistical Mechanics and its Applications*, 2013, 392(1): 215 -220.

[81]Maerivoet, S. , De Moor B. Cellular Automata Models of Road Traffic [J]. *Physics Reports*, 2005, 419(1): 1 -64.

[82]Mitchell,D. H. , Smith,M. J. Topological Network Design of Pedestrian Networks [J]. *Transportation Research Part B.* , 2001, 35: 107 -135.

[83]Muramatsu,M. , Irie,T. , Nagatani,T. Jamming Transition in Pedestrian Counter Flow [J]. *Physica A: Statistical Mechanics and its Applications*, 1999, 267(3 -4): 487 -498.

[84]Muraleetharan,T. , Hagiwara,T. Overall Level - of - service of The Urban Walking Environment and Its Influence on Pedestrian Route Choice Behavior: Analysis of Pedestrian Travel in Sapporo Japan [J]. *Transportation Research Record: Journal of the Transportation Research Board*, 2007, 2002(2): 7 -17.

[85]Nagai,R. , Nagatani,T. , Isobe,M. , Adachi,T. Effect of Exit Configuration on Evacuation of A Room without Visibility [J]. *Physica A: Statistical Mechanics and its Applications*, 2004, 343: 712 -724.

[86]Nagai,R. , Fukamachi,M. , Nagatani,T. Experiment and Sim-

ulation for Counter Flow of People Going on All Fours [J]. *Physica A: Statistical Mechanics and its Applications*, 2005, 358(2-4): 516-528.

[87]Nagai, R., Fukamachi, M., Nagatani, T. Evacuation of Crawlers and Walkers from Corridor through An Exit [J]. *Physica A: Statistical Mechanics and its Applications*, 2006, 367: 449-460.

[88]Nagatani, T. Dynamical Transition and Scaling in A Mean-field Model of Pedestrian Flow at A Bottleneck [J]. *Physica A: Statistical Mechanics and its Applications*, 2001, 300(3-4): 558-566.

[89]Nagatani, T. The Physics of Traffic Jams [J]. *Reports on Progress in Physics*, 2002, 65(9): 1331.

[90]Nagel, K., Schreckenberg, M. A Cellular Automata Model for Freeway Traffic [J]. *Journal de Physique I.*, 1992, 2(12): 2221-2229.

[91]Neumann, J. V. *The General and Logical Theory of Automata* [M]. in L. A. Jeffress, ed., Cerebral Mechanisms in Behavior-The Hixon Symposium, John Wiley & Sons, New York, 1951.

[92]Neumann, J. V. *Theory of Self-Reproduction Automata* [M]. University of Illinois Press, Urbana, 1966.

[93]Nicolas, A., Bouzat, S., Kuperman, M. N. Statistical Fluctuations in Pedestrian Evacuation Times and The Effect of Social Contagion [J]. *Physical Review E.*, 2016, 94(2-1):02231.

[94]Nishinari, K., Sugawara, K., Kazama, T. Modelling of Self-driven Particles: Foraging Ants and Pedestrians [J]. *Physica A: Statistical Mechanics and its Applications*, 2006, 372(1): 132-141.

[95]Nishinari, K., Kirchner, A., Namazi, A., Schadschneider, A.

Extended Floor Field CA Model for Evacuation Dynamics [J]. *IEICE Transactions on Information and Systems*, 2004, E87 - D (3): 726 - 732.

[96] Okazaki, S. A Study of Pedestrian Movement in Architectural Space [J]. *Journal of Architectural Planning*, 1979, 284: 101 - 110.

[97] Okazaki, S., Matsushita, S. A Study of Simulation Model for Pedestrian Movement with Evacuation and Queuing [A]. Proceeding of the International Conference on Engineering for Crowd Safety [C]. London: Elsevier, 1993: 271 - 280.

[98] Ono, R., Tatebe, K. A Study of School Children's Attitude towards Fire Safety and Evacuation Behaviour in Brazil and The Comparison with Data from Japanese Children [A]. Proceedings o the 3rd International Symposium on Human Behaviour in Fire [C]. Belfast, Northern Ireland: London: Interscience Communications, 2004: 327 - 338.

[99] Pan, X. Computational Modeling of Human and Social Behaviors for Emergency Egress Analysis [D]. Stanford: Stanford University, 2006.

[100] Parisi, D. R., Dorso, C. O. Microscopic Dynamics of Pedestrian Evacuation [J]. *Physica A: Statistical Mechanics and its Applications*, 2005, 354(1): 606 - 618.

[101] Parisi, D. R., Dorso, C. O. Morphological and Dynamical Aspects of The Room Evacuation Process [J]. *Physica A: Statistical Mechanics and its Applications*, 2007, 385(1): 343 - 355.

[102] Proulx, G. Evacuation Planning for Occupants with Disability [R]. Internal Report No. 843, National Researeh Council Canada, 2002.

[103] Qiu, B., Tan, H. L., Kong, L. J., Liu, M. R. Lattice - gas

Simulation of Escaping Pedestrian Flow in Corridor [J]. *Chinese Physics*, 2004, 13(7): 990.

[104] Robin, T., Antonini, G., Bierlaire, M., Cruz, J. Specification, Estimation and Validation of A Pedestrian Walking Behavior Model [J]. *Transportation Research Part B.*, 2009, 43(1): 36 - 56.

[105] Rossetti, R. J. F., Bampi, S. An Agent - based Framework for The Assessment of Drivers´Decision - making [A]. IEEE Intelligent Transportation Systems Conference Proceedings [C]. Dearborn, 2000: 387 - 392.

[106] Saegusa, T., Mashiko, T., Nagatani, T. Flow Overshooting in Crossing Flow of Lattice Gas [J]. *Physica A: Statistical Mechanics and its Applications*, 2008, 387(16 - 17): 4119 - 4132.

[107] Schadschneider, A., Klingsch, W., Klupfel, H., Kretz, T., Rogsch, C., Seyfried, A., Meyers, R. A. *Encyclopedia of Complexity and System Science* [M]. Springer, 2009, 5: 3142.

[108] Seyfried, A., Steffen, B., Lippert, T. Basics of Modelling The Pedestrian Flow [J]. *Physica A: Statistical Mechanics and its Applications*, 2006, 368(1): 232 - 238.

[109] Seyfried, A., Rupprecht, T., Passon, O., Steffen, B., Klingsch, W., Boltes, M. New Insights into Pedestrian Flow through Bottlenecks [J]. *Transportation Science*, 2009, 43(3): 395 - 406.

[110] Seyfried, A., Passon, O., Steffen, B., Boltes, M., Rupprecht, T., Klingsch, W. New Insights into Pedestrian Flow through Bottlenecks [J]. *Transportation Science*, 2009, 43(3): 395 - 406.

[111]Shi,J. G. , Chen,Y. , Rong,J. , Ren,F. Research on Pedestrian Crowd Characteristics and Behaviours in Peak – time on Chinese Campus [A]. Pedestrian and Evacuation Dynamics [C]. Berlin: Springer, 2007.

[112]Sisiopiku, V. P. , Akin, D. Pedestrian Behaviors At and Perceptions towards Various Pedestrian Facilities: An Examination Based on Observation and Survey Data [J]. *Transportation Research Part F.* , 2003, 6(4): 249 –274.

[113] Smith, R. A. , Dickie, J. F. Engineering for Crowd Safety [C]. Amsterdam: Elsevier, 1993.

[114]Song,W. G. , Xu X. , Wang,B. H. , Ni,S. J. Simulation of Evacuation Processes Using A Multi – grid Model for Pedestrian Dynamics [J]. *Physica A: Statistical Mechanics and its Applications*, 2006, 363(2): 492 –500.

[115]Song, W. G. , Yu Y. F. , Wang, B. H. , Fan, W. C. Evacuation Behaviors At Exit in CA Model with Force Essentials: A Comparison with Social Force Model [J]. *Physica A: Statistical Mechanics and its Applications*, 2006, 371(2): 658 –666.

[116] Steffen, B. , Seyfried, A. Methods for Measuring Pedestrian Density, Flow, Speed and Direction with Minimal Scatter [J]. *Physica A: Statistical Mechanics and its Applications*, 2010, 389(9): 1902 –1910.

[117]Sun,X. Y. , Jiang,R. , Hao,Q. Y. , Wang,B. H. Phase Transition in Random Walks Coupled with Evolutionary Game [J]. *Europhysics Letters*, 2010, 92(1): 18003.

[118] Syphard, A. D., Clarke, K. C., Franklin, J. Using A Cellular Automaton Model to Forecast The Effects of Urban Growth on Habitat Pattern in Southern California [J]. *Ecological Complexity*, 2005, 2(2): 185-203.

[119] Tajima, Y., Nagatani, T. Clogging Transition of Pedestrian Flow in T-shaped Channel [J]. *Physica A: Statistical Mechanics and its Applications*, 2002, 303(1-2): 239-250.

[120] Tajima, Y., Takimoto, K., Nagatani, T. Pattern Formation and Jamming Transition in Pedestrian Counter Flow [J]. *Physica A: Statistical Mechanics and its Applications*, 2002, 313(3-4): 709-723.

[121] Tanimoto, J., Hagishima, A., Tanaka, Y. Study of Bottleneck Effect at An Emergency Evacuation Exit Using Cellular Automata Model, Mean Field Approximation Analysis, and Game Theory [J]. *Physica A: Statistical Mechanics and its Applications*, 2010, 389(24): 5611-5618.

[122] Teknomo, K. Microscopic Pedestrian Flow Characteristics Development of An Image Processing Data Collection and Simulation Model [D]. Japan: Tohoku University, 2002.

[123] Thompson, P. A., Marchant, E. W. Testing and Application of The Computer Model 'SIMULEX' [J]. *Fire Safety Journal*, 1995, 24(2): 149-166.

[124] Virkler, M. R. Pedestrian Compliance Effects on Signal Delay [J]. *Transportation Research Record*, 1998, 1636: 88-91.

[125] Wagoum, A. U. K., Seyfried, A., Panda, M., Chattararaj, U. *Developments in Road Transportation* [M]. Macmillian Publishers India

Ltd. , 2010.

[126]Weng, W. G. , Chen, T. , Yuan, H. Y. , Fan, W. C. Cellular Automaton Simulation of Pedestrian Counter Flow with Different Walk Velocities [J]. *Physical Review E.* , 2006, 74(3): 036102.

[127]Weng, W. G. , Pan, L. L. , Shen, S. F. , Yuan, H. Y. Small – grid Analysis of Discrete Model for Evacuation from A Hall [J]. *Physica A: Statistical Mechanics and its Applications*, 2007, 374(2): 821 –826.

[128]Wolfram, S. Statistical Mechanics of Cellular Automata[J]. *Reviews of Modern Physics*, 1983, 55(3): 601 –644.

[129] Wolfram, S. *Theory and Applications of Cellular Automata* [M]. World Scientific Publishers, Singapore, 1986.

[130] Wolfram, S. Cellular Automata Fluids: Basic Theory [J]. *Journal of Statistical Physics*, 1986, 45 (3 –4): 471 – 526.

[131]Wong, S. C. , Yang, H. Reserve Capacity of A Signal – controlled Road Network [J]. *Transportation Research Part B: Methodological*, 1997, 31(5): 397 –402.

[132] Wooldridge, M. *Multiagent Systems: A Modern Approach to Distributed Artificial Intelligence* [M]. London: MIT Press, 2000.

[133]Wright, M. S. , Cook, G. K. , Webber, G. M. B. The Effect of Smoke on People's Walking Speeds using Overhead Lighting and Wayguidance Provision [A]. Proceedings of the 2nd International Symposium on Human Behaviour in Fire [C]. MIT: London: Interscience Communications, 2001: 26 –28.

[134]Xie, D. F. , Gao, Z. Y. , Zhao, X. M. , Wang, D. Z. W. Agi-

tated Behavior and Elastic Characteristics of Pedestrians in An Alternative Floor Field Model for Pedestrian Dynamics [J]. *Physica A: Statistical Mechanics and its Applications*, 2012, 391(7): 2390 – 2400.

[135] Xu, Y., Huang, H. J. Simulation of Exit Choosing in Pedestrian Evacuation with Consideration of The Direction Visual Field [J]. *Physica A: Statistical Mechanics and its Applications*, 2012, 391 (4): 991 – 1000.

[136] Yamamoto, K., Kokubo, S., Nishinari, K. Simulation for Pedestrian Dynamics by Real – coded Cellular Automata (RCA) [J]. *Physica A: Statistical Mechanics and its Applications*, 2007, 379 (2): 654 – 660.

[137] Yang, L. Z, Rao, P., Zhu, K. J, Liu, S. B., Zhan, X. Observation Study of Pedestrian Flow on Staircases with Different Dimensions under Normal and Emergency Conditions [J]. *Safety Science*, 2012, 50 (5): 1173 – 1179.

[138] Yu, Y. F., Song, W. G. Cellular Automaton Simulation of Pedestrian counter Flow Considering The Surrounding Environment [J]. *Physical Review E.*, 2007, 75(4): 046112.

[139] Yuan, W. F., Tan, K. H. A Novel Algorithm of Simulating Multi – velocity Evacuation Based on Cellular Automata Modeling and Tenability Condition [J]. *Physica A: Statistical Mechanics and its Applications*, 2007, 379(1): 250 – 262.

[140] Yue, H., Guan, H. Z., Shao, C. F., Liu, Y. H. Simulation of Pedestrian Evacuation with Affected Visual Field and Absence of Evacua-

tion Signs [C]. The 6th International Conference on Natural Computation, Yantai,2010, 8:4286 -4290.

[141]Yue,H. , Shao,C. F. , Guan,H. Z. , Zhang, X. Simulation of Pedestrian Evacuation with Asymmetrical Exits Layout [J]. *Physica A: Statistical Mechanics and its Applications*, 2011,390(2): 198 -207.

[142]Zhang,J. , Song,W. G. , Xu,X. Experiment and Multi - grid Modeling of Evacuation from A Classroom [J]. *Physica A: Statistical Mechanics and its Applications*, 2008, 387(23): 5901 -5909.

[143] Zhang, J. , Klingsch, W. , Schadschneider, A. , Seyfried, A. Transitions in Pedestrian Fundamental Diagrams of Straight Corridors and T - junctions [J]. *Journal of Statistical Mechanics: Theory and Experiment*, 2011, P06004.

[144] Zhang, P. , Jian, X. X. , Wong, S. C. , Choi, K. Potential Field Cellular Automata Model for Pedestrian Flow [J]. *Physical Review E.*, 2012, 85(2): 021119.

[145]Zhang, W. H. , Gao, T. A Min - max Method with Adaptive Weightings for Uniformly Spaced Pareto Optimum Points [J]. *Computer and Structures*, 2006, 84(28): 1760 -1769.

[146]Zhao, D. L. , Yang, L. Z. , Li, J. Exit Dynamics of Occupant Evacuation in An Emergency [J]. *Physica A: Statistical Mechanics and its Applications*,2006, 363(2): 501 -511.

[147]Zhao, D. L. , Li, J. The Application of A Two - dimensional Cellular Automata Random Model to The Performance - based Design of Building Exit [J]. *Building and Environment*, 2008, 43(4): 518 -522.

[148]Zhao, H., Gao, Z. Y. Reserve Capacity and Exit Choosing in Pedestrian Evacuation Dynamics [J]. *Journal of Physics A: Mathematical and Theoretical*, 2010, 43(10): 105001.

[149]Zheng, R. S., Qiu, B., Deng, M. Y., Kong, L. J., Liu, M. R. Cellular Automaton Simulation of Evacuation Process in Story [J]. *Communications in Theoretical Physics*, 2008, 49(1): 166 – 170.

[150]Zheng, X. P., Zhong, T. K., Liu, M. T. Modeling Crowd Evacuation of A Building Based on Seven Methodological Approaches [J]. *Building and Environment*, 2009, 44(3): 437 – 445.

[151]Zheng, X. P., Li, W., Guan, C. Simulation of Evacuation Processes in A Square with A Partition Wall Using A Cellular Automaton Model for Pedestrian Dynamics [J]. *Physica A: Statistical Mechanics and its Applications*, 2010, 389(11): 2177 – 2188.

[152]Zheng, X. P., Cheng, Y. Modeling Cooperative and Competitive Behaviors in Emergency Evacuation: A Game – theoretical Approach [J]. *Computers and Mathematics with Applications*, 2011, 62(12): 4627 – 4634.

[153]Zheng, X. P., Cheng, Y. Conflict Game in Evacuation Process: A Study Combining Cellular Automata Model [J]. *Physica A: Statistical Mechanics and its Applications*, 2011, 390(6): 1042 – 1050.

[154]Zheng, Y., Jia, B., Li, X. G., Zhu, N. Evacuation Dynamics with Fire Spreading Based on Cellular Automaton [J]. *Physica A: Statistical Mechanics and its Applications*, 2011, 390(18 – 19): 3147 – 3156.

[155]Zheng, Y. C., Chen, J. Q., Wei, J. H., Guo, X. W. Modeling

of Pedestrian Evacuation Based on The Particle Swarm Optimization Algorithm [J]. *Physica A: Statistical Mechanics and its Applications*, 2012, 391 (17): 4225 -4233.

[156] Zhu, K. X. , Wang, N. , Hao, Q. Y. , Liu, Q. Y. , Jiang, R. Weakening Interaction Suppresses Spontaneous Symmetry Breaking in Two - channel Asymmetric Exclusion Processes [J]. *Physical Review E*, 2012, 85(4): 041132.

[157] Zhu, N. , Jia, B. , Shao, C. F. , Yue, H. Simulation of Pedestrian Evacuation Based on An Improved Dynamic Parameter Model [J]. *Chinese Physics B.*, 2012, 21(5): 050501.

[158]白克钊，欧立．利用格子气自动机模拟扩散现象的教学研究[J]．广西物理，2010，31(2)：39 -41.

[159]陈然，董力耘．中国大都市行人交通特征的实测和初步分析[J]．上海大学学报(自然科学版)，2005，11(1)：93 -97.

[160]蔡自兴，徐光祐．人工智能及其应用(第三版)[M]．北京：清华大学出版社，2003.

[161]董力耘，戴世强．二维行人交通模型中转向运动对阻塞相变的影响[J]．自然科学进展，2002，12(1)：18 -22.

[162]邓宏钟．基于多智能体的整体建模仿真方法及其应用研究[D]．长沙：国防科学技术大学，2002.

[163]房志明，宋卫国，胥旋．一种多格子模型的实现及其对单室疏散过程的分析[J]．火灾科学，2008，17(3)：165 -171.

[164]冯瑞，霍然，李元洲，彭伟，周吉伟．超市火灾烟气蔓延及人员疏散的模拟研究[J]．安全与环境学报，2006，6(1)：22 -25.

[165]关超，袁文燕．基于元胞自动机的弱视条件下群体疏散的仿真研究[J]．中国安全科学学报，2008，18(12)：41－49.

[166]黄希发，王俊科，张磊，张莹．基于个体能力差异的人员疏散微观模型研究[J]．中国安全科学学报，2009，5(5)：72－77.

[167]李强，崔喜红，陈晋．大型公共场所人员疏散过程及引导作用研究[J]．自然灾害学报，2006，15(4)：92－99.

[168]李元香，康立山，陈毓屏．格子气自动机[M]．北京：清华大学出版社，1994.

[169]陆化普，张永波，刘庆楠．城市步行交通系统规划方法[J]．城市交通，2009，7(6)：53－58.

[170]卢春霞．人群流动的波动性分析[J]．中国安全科学学报，2006，16(2)：30－34.

[171]李珊珊，钱大琳，王九州．考虑行人减速避让的改进社会力模型[J]．吉林大学学报(工学版)，2012，42(3)：623－628.

[172]马骏驰，李杰，周锡元．道路转角对人员疏散的影响与分析[J]．防灾减灾工程学报，2007，27(4)：377－382.

[173]潘士虎，陈若航，唐贤健，时丽娜．一种两层楼的元胞自动机疏散模拟研究[J]．鲁东大学学报(自然科学版)，2010，26(2)：147－150.

[174]任刚，陆丽丽，王炜．基于元胞自动机和复杂网络理论的双向行人流建模[J]．物理学报，2012，61(14)：144501.

[175]宋冰雪，吴宗之，谢振华．考虑导向标志影响的行人疏散模型研究[J]．中国安全科学学报，2011，21(12)：27－33.

[176]宋卫国，于彦飞，陈涛．出口条件对人员疏散的影响及其

分析[J]. 火灾科学, 2003, 12(2): 100－104.

[177]宋卫国, 于彦飞, 范维澄, 张和平. 一种考虑摩擦与排斥的人员疏散元胞自动机模型[J]. 中国科学E辑, 2005, 35(7): 725－736.

[178]宋卫国, 张俊, 胥旋, 刘轩, 于彦飞. 一种考虑人数分布特性的人员疏散格子气模型[J]. 自然科学进展, 2008, 15(5): 552－555.

[179]史建港, 陈艳艳, 任福田. 奥运中心场馆区域行人交通分布预测[J]. 北京工业大学学报, 2006, 32(1): 38－42.

[180]施正威, 陈治亚, 周乐, 凌景文. 多出口条件行人疏散的元胞自动机模型[J]. 系统工程, 2010, 28(9): 51－56.

[181]孙立, 赵林度. 基于群集动力学模型的密集场所人群疏散问题研究[J]. 安全与环境学报, 2007, 7(5): 124－127.

[182]唐方勤, 史文中, 任爱珠. 基于多层协作机制的人员疏散模拟研究[J]. 清华大学学报(自然科学版), 2008, 48(3): 325－328, 332.

[183]田玉敏. 火灾中人员反应时间的分布对疏散时间影响的研究[J]. 消防科学与技术, 2005, 24(5): 532－536.

[184]王振, 刘茂. 人群疏散的动力学特征及疏散通道堵塞的恢复[J]. 自然科学进展, 2008, 18(2): 179－185.

[185]王丽, 刘茂, 孟博, 王炜. 开放空间复杂地形人员疏散模拟研究[J]. 中国安全科学学报, 2012, 22(1): 29－33.

[186]王彦富, 蒋军成. 地铁火灾人员疏散的研究[J]. 中国安全科学学报, 2007, 17(7): 26－31.

[187]王旭东，韩燮，娄岩峰．大型场馆人员疏散仿真预测的研究[J]．计算机工程与设计，2009，30(2)：455－459.

[188]王富章，王英杰，李平．大型公共建筑物人员应急疏散模型[J]．中国铁道科学，2008，29(4)：132－137.

[189]徐高．人群疏散的仿真研究[D]．成都：西南交通大学，2003.

[190]肖国清，王鹏飞，陈宝智．建筑物火灾疏散中人的行为的动力学模型[J]．系统工程理论与实践，2004，24(5)：134－139.

[191]杨凌霄，赵小梅，高自友，郑建风．考虑交通出行惯例的双向行人流模型研究[J]．物理学报，2011，60(10)：100501.

[192]杨立中，方伟峰，李健，黄锐．考虑人员行为的元胞自动机行人运动模型[J]．科学通报，2003，48(11)：1143－1147.

[193]杨立中，李健，赵道亮，方伟峰，范维澄．基于个体行为的人员疏散微观离散模型[J]．中国科学E，2004，34(11)：264－1270.

[194]岳昊，邵春福，陈晓明，郝合瑞．基于元胞自动机的对向行人交通流仿真研究[J]．物理学报，2008，57(11)：6901－6908.

[195]岳昊，邵春福，姚智胜．基于元胞自动机的行人疏散流仿真研究[J]．物理学报，2009，58(7)：4523－4530.

[196]岳昊，邵春福，关宏志，段龙梅．基于元胞自动机的行人视线受影响的疏散流仿真研究[J]．物理学报，2010，59(7)：4499－4507.

[197]岳昊，张旭，陈刚，邵春福．初始位置布局不平衡的疏散行人流仿真研究[J]．物理学报，2012，61(13)：130509.

[198]张磊，岳昊，李梅，王帅，米雪玉．拥堵疏散的行人拥挤力仿真研究[J]．物理学报，2015，64(6)：060505.

[199]张晋．基于元胞自动机的城域混合交通流建模方法研究[D]．杭州：浙江大学，2004.

[200]张树平，吴强，毕伟民．基于ANFIS的火灾中人员疏散反应时间的研究[J]．建筑科学，2009，25(2)：97－1000.

[201]张青松，刘茂，赵国敏．改进的疏散时间计算模型在奥运赛场中的应用[J]．中国工程科学，2007，9(4)：64－69.

[202]郑小平，钟庭宽，张建文．公共建筑内群体疏散方法的探讨[J]．中国安全科学学报，2008，18(1)：27－33.

[203]朱艺，杨立中，李健．不同房间结构下人员疏散的CA模拟研究[J]．火灾科学，2007，16(3)：175－179.

[204]朱孔金，杨立中．房间出口位置及内部布局对疏散效率的影响研究[J]．物理学报，2010，59(11)：7701－7707.

[205]周金旺，陈秀丽，周建槐，谭惠丽，孔令江，刘慕仁．一种改进的多速双向行人流元胞自动机模型[J]．物理学报，2009，58(4)：2281－2285.

[206]李得伟，韩宝明，张琦．基于动态博弈的行人交通微观仿真模型[J]．系统仿真学报，2007，19(11)：2590－2593.

[207]吉岩，李力，胡坚明，王法．一种基于分片磁场和动态博弈的行人仿真模型[J]．自然科学进展，2009，19(3)：337－343.

[208]周爱桃，景国勋，魏平儒，段振伟．L型房间单元人员疏散探讨[J]．中国安全科学学报，2006，16(8)：28－31.

索　引